THERMOPHYSICAL PREVENTION AND CONTROL TECHNOLOGY AND EQUIPMENT FOR CROP DISEASES, INSECTS AND WEEDS

作物病虫草害热物理防控技术与装备

焦有宙　刘新新　贺　超◎主编

化学工业出版社

·北京·

内容简介

本书围绕农作物病虫草害热物理防控技术与装置，系统梳理了国内外热物理防控技术的原理及装置开发情况，重点聚焦火焰或热风、高温蒸汽或热水、太阳能、微波及其他热物理灭杀技术的特性、应用场景及优缺点，最后结合人工智能技术在装备智能化升级中的创新应用，探讨了其对农作物病虫草害绿色防控技术与装备的推动作用，以期为热物理防控作物病虫草害的推广提供理论指导与技术支撑。

本书可供农技推广人员、农业科研工作者、农业装备研发工程师、设施农业企业人员等阅读，也可供高等院校农业工程、植物保护、智能农机等专业师生参考。

图书在版编目（CIP）数据

作物病虫草害热物理防控技术与装备 / 焦有宙，刘新新，贺超主编. -- 北京 : 化学工业出版社，2026. 2.
ISBN 978-7-122-49826-7

Ⅰ. S435 ; S45

中国国家版本馆CIP数据核字第2026KC1906号

责任编辑：孙高洁　刘　军　　　文字编辑：陈立璞
责任校对：宋　夏　　　装帧设计：王晓宇

出版发行：化学工业出版社
（北京市东城区青年湖南街13号　邮政编码100011）
印　　装：北京建宏印刷有限公司
710mm×1000mm　1/16　印张10¾　字数178千字
2026年4月北京第1版第1次印刷

购书咨询：010-64518888　　　售后服务：010-64518899
网　　址：http://www.cip.com.cn
凡购买本书，如有缺损质量问题，本社销售中心负责调换。

定　　价：98.00元

本书编写人员名单

主　　编：焦有宙　刘新新　贺　超

参编人员：（按姓氏笔画排序）

马晓然　李　刚　李鹏飞

前言

在当代农业粮食生产中，病虫草害问题每年造成全球作物减产 20% ～ 40%，传统化学农药虽短期见效，却带来了抗药性加剧、生态环境污染、农产品残留超标等严峻问题。面对农业可持续发展的迫切需求，热物理防控技术凭借“零农残、无抗性、环境友好”的突出优势，将成为未来农业的一项重要绿色革命。

然而，热物理防控从理论模型到规模化应用仍有很长的路需要探索。热物理防控为多学科深度交叉的领域，从热力学传质模型、病虫草害的热耐受性，到智能装备的能源调控与田间适配性，具体涉及农业机械化、农业电气化、农业生态系统和农业废弃物能源化利用等多专业领域，需要农业科技工作者和装备制造企业不断实践检验，为绿色、高效、零残留的现代农业提供可复制、可推广的解决方案而努力。

黄淮海平原是我国小麦 – 玉米一年两熟的核心粮仓，其产量直接关乎国家粮食安全。然而，赤霉病与茎基腐病等土传病害在此区域呈高发、重发态势，贯穿于生物育种、田间轮作或连作决策、收后秸秆还田等全生育链，成为制约稳产高产的“卡脖子”难题。针对传统化学防控边际效应递减、生态压力骤增的现实及秸秆禁烧的国家政策，笔者把目光转向了作物根茬这一“被忽视的战场”，即通过热物理手段将根茬转化为高温热源，进一步实现土壤与高温烟气高效换热，在田间实施灭杀病原菌、虫卵和杂草种子，同步实现固碳还田与资源循环。笔者团队已迭代完成二代牵引式和一代自走式作物根茬燃烧病虫草害一体化装备，并在关键结构、控温策略及智能作业方面进行了持续优化，以期为黄淮海乃至全国粮田提供一条“根茬资源化—病虫源头灭除—耕地质量提升”的低碳高效新路径，为粮食安全与绿色农业贡献可复制、可推广的中国方案。遗憾的是，热物理防控尚缺系统理论与典型应用总结。

基于此，笔者团队在前期试验与示范数据的基础上，结合国内外先进研究成果和典型应用案例，首创性地编撰了本书。全书以农作物病虫草害发生现状与挑战、防控技术及热物理防控的应用与意义为出发点，全面梳理阐述了火焰或热风、蒸汽或热水、太阳能、微波、激光、电及射频等不同能量形式的灭杀技术原理、现状、典型装置和应用案例。书中既涵盖了当前热物理消毒试验分析与理论结合的研究热点，也融合了农业生产中具体生动的实践经验和案例。在“原理 – 因素 – 现状 – 装置 – 应用”五维框架下，理论基础和应用实践并重，可更好地呈现给读者热物理灭杀病虫草害的发展概貌。

本书共有 7 章，第 1、3 ～ 6 章由刘新新编写，第 2 章由焦有宙、李鹏飞编写，第 7 章由贺超、李刚、马晓然编写。书中的资料收集、整理和编排需耗费大量时间，承研究生李耀东、朱焕光、俞博文、阳园宝、贾鹏超和张文双的倾力相助，谨致谢忱。

在本书编写过程中，笔者尽可能地进行详细客观阐述，但是由于学识有限，不足之处在所难免，敬请读者批评和指正，以便再版时修订，共臻完善。

编者

2026 年 1 月

目录

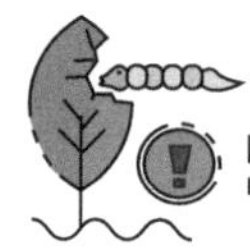

第1章 绪论

1.1 农作物病虫草害发生现状与挑战

病虫草害种类繁多、分布广泛，已成为全球农业面临的重大挑战。气候变化加剧、农业集约化推进，使病虫草害滋生蔓延，严重影响农作物产量与质量。如小麦赤霉病、玉米螟、水稻蝗虫等常见病虫害在多地区频发且危害加剧，杂草也竞相与农作物争夺养分、阳光等资源。每年因病虫草害致使全球农作物产量损失达 20% ～ 40%，严重威胁粮食安全与农业可持续发展。

传统化学防控（治）存在农药残留、环境污染等问题，且病虫草害易产生抗药性。因此，深入研究农作物病虫草害发生现状，探索绿色、高效防控策略，对保障农业生态平衡、提升农产品质量与产量至关重要。

1.1.1 典型土传病害发生现状

近年来，土传病害的危害不断加重，严重制约了我国农业的可持续发展。这些病害主要包括根腐病、青枯病、枯萎病、菌核病等，具有传播范围广、危害严重、难以防治的特点。病原菌主要为真菌、细菌、线虫等，其中真菌尤为常见，如镰刀菌属、轮枝菌属、核盘菌属等。部分病原菌，如青枯假单胞杆菌形成的菌核具有很强的抗逆性，一旦定植难以根除。常见的土传病害有小麦茎基腐病、玉米茎基腐病、棉花黄萎病、花生青枯病等。小麦茎基腐病在黄淮麦区发病面积近 5000 万亩（1 亩≈ $667m^2$），且呈上升趋势；棉花黄萎病在中国年发病面积达 300 万公顷，年经济损失约 12 亿元人民币；花生青枯病一般发病率 10% ～ 20%，严重时达 50% 以上，甚至绝产。土传病害的防治面临诸多难点，如初侵染病原数量大，主要从植物根部组织侵染，无法像气传病害一样进行大面积化学防治；土传病害常与其他病原微生物复合侵染，致病机制复杂，抗性种质资源相对缺乏。面对这些挑战，探寻新的防治手段显得尤为迫切，这不仅关系到农作物的产量和质量，更影响着我国农业的可持续发展和国家粮食安全。

自 2007 年以来，我国逐步实施秸秆禁烧政策。依据《中华人民共和国大气污染防治法》，禁止在人口集中地区、机场周围、交通干线附近等区域露天焚烧秸秆、落叶等产生烟尘污染的物质，旨在减少大气污染和火灾风险。该政策显著改善了空气质量，但同时也导致农业生态系统失衡。焚烧秸秆的传统方式能有效灭杀虫卵、病菌和杂草种子，而禁烧后，残留的病原体和虫卵在土壤中累积，直接加剧了病虫害的发生。

秸秆还田作为禁烧的主要替代方案，理论上可增加土壤有机质，但实践中暴露多重问题。未焚烧的秸秆成为虫卵和病菌的温床。浙江省2022年水稻白叶枯病发病面积达25.17万亩次，与禁烧政策直接相关。秸秆腐解缓慢（尤其在东北冻土区），导致土壤板结、保水能力下降，影响作物根系发育。农民被迫增加农药和化肥投入以应对病虫害，部分农田甚至因成本过高而被抛荒。

1.1.2 典型草害发生现状

杂草常指自然生成的非栽培植物，一般表示对其他正常生产活动以及经济作物、粮食作物等的生长构成威胁的植物的统称。杂草主要表示草本植物以及一些小灌木、蕨类和藻类等植物。世界相关组织定名的植物全球有310000余种，其中分类定义为杂草类的植物有8000余种。我国的植物种类也尤为丰富。中科院所属生物多样性委员会发布的《中国生物物种名录》（2020版）中，确认我国存在的物类物种有37793种，其中分类定义为杂草植物的有1200余种。杂草按不同水分生长环境可分为水生、湿生、沼生和旱生四种；按化学药剂除草的种类可划分为莎草、禾草和阔叶草三种。因此实际除草时可根据杂草的生长习性与繁殖方式等合理选择灭除方式，不同种类杂草适用的方式及效果大不相同。杂草具有的一般生物学特性较明显，通常具有种子传播方式广、繁殖力强、生长周期较一般农作物短、可再生能力强、光合作用收益较高、抗逆性强等特点，因此不易彻底防除。由于杂草严重影响农作物生长环境，因此如何合理有效地控制杂草生长是全世界农业研究人员共同面临的难题。

杂草对田间环境的影响主要体现在以下几个方面：

① 杂草会影响农作物吸收土壤中的水分、养分和来自太阳的光照能量。田间初期杂草相比农作物生长更快且根系较为发达，能有效争夺土壤中的水分和养分，同时土壤中为农作物施加的肥料也变相养育着杂草。在农作物发芽出苗的生长初期，杂草由于出苗优势会遮挡农作物的幼苗，影响农作物幼苗有效接收太阳光照的叶面积，阻碍农作物生长时期的光合作用与最终产量的提升。

② 杂草易成为土壤中病虫害生存繁殖的空间。由于很多种类的杂草是多年生植物，其根部所富集的水分和养分为病菌和害虫提供了适宜的生活空间，因此杂草根部会存在大量的病菌和害虫。这些病菌和害虫会在农作物生长过程中逐渐迁移到农作物的幼苗与根部进行生存繁殖，这就造成了杂草在直接和间接地传播病虫害。病虫害使农作物患上各种疾病的同时也会蚕食其叶片与根部，长期存在严重影响农作物的产量和品质。

③ 杂草直接或间接影响人畜健康。例如，小麦田中有时会存在一些带有毒

素的杂草种子，这些杂草种子混入麦粒间被牲畜食用后会引起中毒；常见的苍耳子虽可作为中药，但其中也含一定量有毒物质，牲畜食用过量后会产生中毒反应。最终毒素会通过食物链危害人体健康。

④ 杂草会增加田间生产作业成本。一般杂草较多的农田会花费大量劳动力与化学药剂进行除草作业。除草作业与后续田间管理作业所花费的除草剂与除草用工量极大，增加作业成本的同时还造成了环境的严重污染。

在古代农耕时期，杂草便是制约农业生产力的因素，也是除自然灾害外致使作物产量减少和品质下降的关键原因。针对如何减少杂草的问题，农业工作长期以来在大面积农田中广泛施用各类化学除草剂。尽管这一做法在短期内具有一定效果，但是农药长年累月使用，给土壤土质、水资源环境以及人体健康都带来了一定的影响。因此，在新时期健康农业的发展规划中，相应减少或者禁止施用部分非必需的化学药剂。不过减少部分化学药剂的使用也带来了某些杂草不可控等问题，这就需要探究使用新式除草技术，即在作物种植与生长过程中找到可以代替或补充传统化学药剂除草的方法。

现如今在稻麦播后的除草环节，全国大部分地区都是采用速度快、效率高的化学药剂除草方法，但化学除草剂的使用带来了诸多不可避免的问题。

① 化学除草剂的配方有区别，一种化学除草剂对不同种类的杂草效果不一，而多种化学除草剂搭配使用又存在用量与药效问题，且长期使用会大幅提高田间除草成本。

② 化学除草剂的使用对人体存在危害，长期过量使用化学除草剂也会使土壤与作物形成农药富集残留，最终影响农产品品质。

③ 化学除草剂会催生出抗药性更强的杂草，导致下次施药除草时效果变差。多年来封闭除草剂的大量使用与积累，对我国的农田生态环境造成了很大破坏。

因此，急需改变化学除草这种单一且具有潜在危害的除草方式。随着我国农业发展中环保意识与食品安全意识的加强，新型有机农业在 20 世纪 90 年代初期逐渐发展起来。有机农业作为一种全新的农业生产形式，以可持续发展的农业生产方式为出发点，遵循有机农业生产标准。其生产过程中不使用化学制品、添加剂等制剂，基本符合作物自然生长规律与生态环境原理，是一种连续且稳定的农业生产体系。在有机农业框架下，种植户急需安全高效的杀虫除草方式来代替或减少化学药剂的施用，从而既缓解农药对环境的破坏，也使产品符合（或逼近）有机认证标准，真正保障食品安全。因此，非药剂的杀虫除草方法逐渐被采用。

其中就包括使用火焰、热风、高温蒸汽等进行高温除草杀虫，并得到了世界各地的应用。

1.1.3 典型虫害发生现状

典型虫害种类繁多、分布范围广、危害程度深，对农作物造成了广泛而严重的危害。尤其在气候变化加剧、农业集约化推进的情况下，虫害滋生蔓延加剧，影响农作物产量和质量，制约农业可持续发展。主要的典型虫害包括以下几种：

（1）小麦蚜虫　主要吸食小麦汁液，导致植株生长不良，影响光合作用，降低产量和品质。据统计，全国小麦蚜虫发生面积达 2 亿亩次，黄淮和华北大部总体偏重发生，长江中下游、江淮、西南和西北大部中等发生。

（2）麦蜘蛛　主要取食小麦叶片，造成叶片发黄、枯萎，影响小麦正常生长。麦蜘蛛在黄淮麦区偏重发生，发生面积达 410 万亩次。

（3）稻飞虱　主要危害水稻，通过刺吸水稻汁液，使水稻生长受阻，严重时导致水稻倒伏、枯死，影响产量和品质。全国稻飞虱发生面积达 3.3 亿亩次，总体偏重发生。其中西南东部、华南、江南、长江中下游稻区偏重发生，南方其他稻区中等发生。

（4）草地贪夜蛾　草地贪夜蛾是一种外来入侵物种，主要危害玉米、水稻、高粱等作物。其幼虫主要取食作物叶片，造成叶片破损，影响光合作用，降低产量。草地贪夜蛾具有繁殖能力强、迁徙速度快、寄主范围广等特点，2019 年首次侵入我国，然后迅速蔓延至多个省份。全国草地贪夜蛾发生面积达 5000 万亩次，西南、华南、江南偏重发生，黄淮海、西北地区偏轻及以下程度发生，部分晚播夏玉米偏重发生。

（5）二化螟　主要危害水稻。其幼虫钻蛀稻茎，破坏内部组织，影响水稻生长发育，造成空壳、秕粒增多，降低产量。全国二化螟发生面积达 2.5 亿亩次，南方大部稻区总体大发生，江南、长江中游稻区重发风险突出。

（6）蝗虫　蝗虫是一种世界性害虫，主要取食禾本科作物，包括小麦、玉米、水稻等。其食量大、繁殖能力强，常成群活动，会对农作物造成毁灭性危害，可使大片庄稼减产甚至绝收。目前已知的蝗虫有 1 万种以上，分布于热带、温带草地和沙漠地区。我国的蝗虫种类主要有飞蝗以及内蒙古、新疆和青海草原地区分布的草原蝗虫。

这些典型虫害的防治面临诸多挑战，如蝗虫、草地贪夜蛾等的迁徙性和爆发性使得监测和防治难度大；同时，长期使用化学药剂导致一些害虫产生了抗药性，影响防治效果。

为应对病虫害加剧，农药使用量激增，但过度依赖化学防治会引发多重问题。湖南省二化螟对阿维菌素和氯虫苯甲酰胺的抗性达中等至高水平，迫使农民增加施药频次，形成了“虫害 - 农药 - 抗药性”的恶性循环。农药过度使用会杀灭天敌昆虫（如寄生蜂），削弱自然控害能力，导致进一步依赖化学防治。农药残留通过食物链富集，威胁人体健康；同时，土壤和水体污染加剧，影响农业可持续发展。因此，深入研究典型虫害的发生规律，探索综合防治策略，对于保障农作物的稳产高产、农业的可持续发展以及国家的粮食安全具有重要意义。

2022 年 1 月，农业农村部开展了“两增两减”虫口夺粮促丰收行动，以增加统防统治、绿色防控覆盖率，减少病虫草害损失、化学农药使用量。但是为应对病虫害加剧，保障小麦稳产丰收，2023 年 9 月农业农村部办公厅印发《小麦茎基腐病防控技术指导意见》，提出了以药物为主的综合防控措施。为解决上述矛盾，合理处置根茬 / 秸秆十分重要，因此部分地市对根茬 / 秸秆禁烧做出了调整。2023 年 9 月，广西贺州市批准实施了《贺州市秸秆露天禁烧和综合利用条例》，根茬 / 秸秆被确认有病虫害的，经许可后可以燃烧。

1.2 农作物病虫草害防控技术现状

我国农作物病虫草害防治技术呈现多元化发展，涵盖化学防治、生物防治、农业防治、物理防治及综合防治等多种手段。化学防治仍是主要方式，但正朝着高效、低毒、低残留方向改进，如新型农药和精准施药技术可减少环境污染。生物防治主要利用天敌昆虫、微生物制剂和植物源农药，可逐步减少对化学农药的依赖。农业防治主要通过抗病品种、轮作和间作减少病虫草害的发生。物理防治主要采用诱捕器、防虫网等技术，可减少化学干预。综合防治结合了多种手段，可优化效果并降低环境风险。未来，我国将推动绿色防治技术研发，加强抗药性管理，促进化学与绿色防治融合，助力农业可持续发展。

1.2.1 化学防控技术

化学防控是利用化学农药（如杀虫剂、杀菌剂、除草剂等）直接杀死或抑制有害生物（害虫、病原菌、杂草）的一种防治方法。化学防控的核心思想是通过化学物质的毒性作用，快速、高效地控制有害生物的种群密度，减少其对作物的危害。

化学防控作为病虫草害防治的重要手段，长期以来在我国农业生产中占据主导地位。尽管化学农药在控制病虫草害方面效果显著，但其过度使用也带来了环境污染、农药残留、抗药性等问题。近年来，随着绿色农业和可持续发展理念的推广，化学防控技术正朝着高效、低毒、低残留的方向发展。以下是化学防控的研究现状。

（1）高效低毒农药的研发　我国在高效低毒农药的研发方面已取得显著进展，主要体现在新型化学农药和手性农药的开发应用两个方面。

首先，新型化学农药具有更高的环境友好性和更低的使用成本，相较于传统化学农药，其施用剂量和施用频次显著减少，对生态环境和非靶标生物的负面影响相对较小，已逐步成为传统化学农药的重要替代品。尽管某些新型化学农药在短期防治效果上略逊于传统化学农药，但凭借其综合优势，正日益得到推广应用。虽然我国在新型化学农药研发方面起步晚于发达国家，但已成功研制出一批具有代表性的药剂，如新烟碱类、双酰胺类和嘧啶胺类等，技术成熟度不断提升。

其次，手性农药通过对分子结构的精准调控，显著提高了生物选择性与靶标亲和力，在有效降低使用剂量的同时提高了防治效率，成为现代农药研发的重要方向。例如，手性杀菌剂嘧菌酯和氯虫苯甲酰胺（图 1-1）已广泛应用于农业生产，展现出良好的实用性与安全性。

新农药的创制不仅依赖有机合成和分子设计技术的进步，更需要毒理学、作物保护学、农残分析、环境科学等多个学科的交叉融合与协作。同时，前期的化合物筛选、专利布局与市场前景评估也是新产品能否成功上市的关键因素。由于创制过程通常面临研发周期长、投入成本高、技术风险大等挑战，因此必须持续投入资金，并充分激发研发团队的积极性与创造力，方能推动高效低毒农药的持续创新与产业化发展。

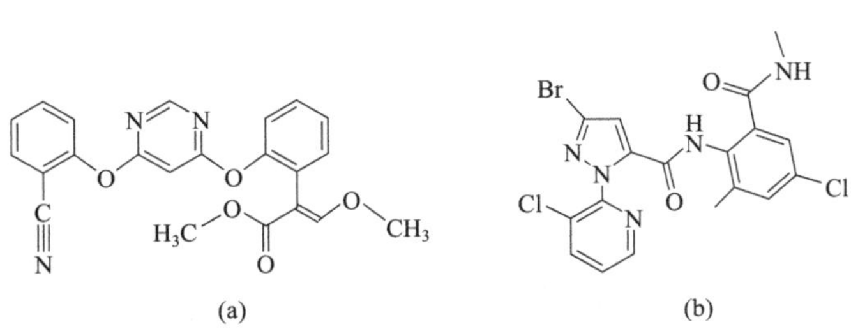

图 1-1　嘧菌酯（a）和氯虫苯甲酰胺（b）结构

（2）农药剂型的改进　农药剂型的改进是提高利用效率、降低施药风险和减少环境污染的重要途径。近年来，我国在农药剂型的改进方面取得显著进展。水基化剂型，如水分散粒剂、悬浮剂、水乳剂等逐步替代了传统乳油和可湿性粉剂，有效减少了有机溶剂的使用。缓释剂型借助微胶囊、纳米等技术，延长了药效，降低了用量与施药频次。靶向剂型利用纳米载体和脂质体技术实现了精准释放，可减少对非靶标生物的影响。

针对特殊环境（如水田）开发了泡腾片剂、水面扩散剂、撒滴剂等新型剂型，这些剂型无需额外稀释或器械即可使用，便于操作。混剂作为复合型制剂，兼具扩大防治范围、增强药效和延缓抗性等优点，已成为剂型发展的重要方向。近年来，以微囊悬浮剂、悬乳剂等为代表的高效新型剂型不断出现，但仍面临成本高、技术复杂等限制。

（3）精准施药技术的应用　精准施药技术作为提高农药利用效率、减少环境污染和保障农产品质量的重要手段，近年来在我国农业生产中得到了广泛研究与应用，取得了显著进展。

首先，无人机施药技术（图 1-2）已广泛应用于大田作物、果园等场景，具有效率高、作业精准、劳动强度低等优势。植保无人机按结构形式分为三种，即固定翼、单旋翼和多旋翼。其中多旋翼植保无人机因机动性强、操作简便、适用于小地块作业，成为当前最主要的机型。其施药效果受飞行高度、速度、喷洒量等多种因素影响。该技术的推广有效推动了农业现代化和规模化发展，是提升农业生产力的重要路径。

(a)

(b)

图 1-2　无人机施药图

其次，变量施药技术依托遥感、GIS 和物联网等先进技术，能够根据作物长势和病虫草害分布信息，动态调整施药时间与剂量，实现“按需施药”，在提高防效的同时减少农药浪费与环境负荷。

静电喷雾技术可通过静电力使雾滴定向吸附于作物表面，有效提升了农药附着率与利用率，同时降低了飘移和损耗，是提升喷雾精准度的关键技术之一。

当前精准施药系统正逐步向智能化、精准化、低量化与高效化方向发展。智能化体现在系统可根据环境和作物状况自动调整喷洒策略；精准化则确保农药精准作用于靶标区域；低量化致力于减少农药使用总量，降低对生态系统的影响；高效化强调喷施速度与覆盖范围的最优化。通过集成传感器、计算机视觉系统、控制算法和喷雾执行机构等核心技术，精准施药技术已构建出完整的技术体系，具备实时、非均匀、非连续喷洒能力。

（4）抗药性管理　随着化学农药在农业中的长期使用，病虫草害抗药性问题日益突出，已成为制约农药可持续利用和病害防控效果的重要因素。我国在抗药性管理方面采取了多项措施，构建了较为完善的技术体系。首先，建立了覆盖全国的病虫草害抗药性监测网络，以实时掌握抗性发展动态，为科学用药提供决策支持。其次，推广轮换用药与混合用药策略，通过交替或联合使用不同作用机制的药剂，有效延缓抗性的发展。此外，分子生物学技术的应用推动了抗药性基因的识别和机制解析，为新型农药开发及抗性治理提供了理论依据。

（5）化学防治与绿色防治技术的结合　为实现农业的可持续发展目标，单一依赖化学农药的传统防治模式正逐步被综合性病虫害管理策略取代。在这一转变过程中，化学防治与绿色防治技术的有机融合成为关键方向。绿色防治技术主要以生态友好、资源可持续利用和保障食品安全为核心理念，强调在控制病虫害的同时减少农药使用、降低环境负荷、保护农业生态系统。

① 化学防治与生物防治结合。将化学农药与天敌昆虫、拮抗微生物、昆虫信息素等生物防治手段协同使用，在保障防控效果的基础上，可显著降低农药使用频率和剂量。该策略不仅能减缓病虫抗药性的产生，还有助于维持农田生态系统的稳定性。

② 化学防治与农业防治结合。依托抗病品种选育、轮作倒茬、间作套种等农业防治措施，可从源头降低病虫害发生风险。通过改善种植结构和农艺措施，可有效减少病虫害基数，从而降低对化学防治的依赖程度。

③ 化学防治与物理防治结合。采用诱捕器、防虫网、黄板、光诱等物理措施减少害虫数量、干扰其行为，可为化学防治创造更有利的条件。物理防治作为无污染、可重复利用的手段，能与化学防治形成互补，提高整体防控效率。

1.2.2 生物防控技术

生物防控是利用生物之间相互作用的关系来防控大棚蔬菜病虫害的一种技术手段。它具有环保、无污染、对天敌安全等优点，是大棚蔬菜绿色防控的重要手段之一。

（1）天敌防治　天敌防治是一种生物防治方法，即利用害虫的天然敌害生物（如捕食性昆虫或寄生性昆虫）来抑制其种群数量增长，从而达到控制害虫的目的。在自然生态系统中，瓢虫、赤眼蜂、寄生蜂和捕食性螨等均为常见且高效的天敌昆虫。其中，瓢虫可有效捕食蚜虫、蚧壳虫等软体害虫，广泛应用于蔬菜和果树种植；赤眼蜂则寄生于鳞翅目害虫（如菜青虫、烟青虫等）的卵内，阻断害虫生命周期，防治效果显著。目前，赤眼蜂在玉米螟、稻纵卷叶螟等虫害的防治中已实现规模化释放。研究表明，赤眼蜂释放技术在温室作物、大棚蔬菜和有机种植领域大幅降低了农药依赖，并有助于提高作物产量和品质。

（2）生物农药防治　生物农药是指利用生物体或其代谢产物来防治病虫害的农药，旨在为农业生产提供一种既环保又高效的解决方案。目前，生物农药主要包括微生物农药、植物源农药和生物化学农药三大类，每一类都蕴含着大自然的智慧与奥秘。

微生物农药作为生物农药的重要分支，主要依赖细菌、真菌、病毒等微生物或其独特的代谢产物来施展“魔法”。例如，苏云金芽孢杆菌（*Bacillus thuringiensis*）作为微生物界的“杀虫高手”，能释放出对多种害虫具有致命吸引力的毒素，使害虫在不知不觉中丧命；绿僵菌则擅长在害虫体内“潜伏”，通过寄生作用逐渐消耗害虫的生命力，最终达到消灭害虫的目的。

植物源农药是从自然界植物中提取出的宝贵资源，蕴含着杀虫、杀菌或除草的神奇活性。例如，印楝素源自印楝树，因独特的化学结构可干扰害虫的生长发育，使害虫无法正常繁衍；鱼藤酮是从鱼藤属植物中提取的天然毒素，对多种害虫具有快速击倒的作用，且对环境友好；苦楝油是从苦楝树中提取的，对蚊子、苍蝇和跳蚤等害虫具有显著的杀灭和拒避作用。

（3）植物诱抗剂防治　植物诱抗剂是一类兼具抗逆与增产功能的生物制剂。其作用机制不同于传统杀菌剂——它并不直接杀死病原菌，而是通过激活植物体内的免疫系统及代谢调控网络，增强植物的整体抗性和生长活力，最终达到促进生长、提高作物产量的效果。在胁迫发生的早期阶段，以低剂量外源施用植物诱抗剂可以迅速激活植物体内的防御系统，快速有效地应对生物或非生物胁迫。植物诱抗剂进入植物体内后，植物细胞内受体首先识别并接收激发子刺激信号进行分子识别，然后再通过构型变化激活细胞内有关酶的活性，产生激活性和适应性信号分子，进一步激活细胞核内相对应的抗性基因来激发植物的防御反应。植物面对不同的诱抗剂会出现相似的抗性反应，但细胞内与信号转导有关的反应不限于一种，主要包括细胞膜的去极化，诱导出的离子通道，细胞间液的碱化，氧化突发反应，蛋白质的磷化作用以及脂类的氧化反应。植物细胞膜的去极化是由于受到各种刺激的作用而产生的，随后激活和调节 Ca^{2+}、K^{+} 或非选择性离子通道。植物诱抗剂作用后，植物细胞首先氧化突发产生活性氧，然后以此作为二级信使激活通路内抗性基因。蛋白质的磷化作用则将细胞识别信号转化为细胞专一性反应，调节细胞内蛋白质的磷化水平。不同植物接受诱抗剂后基本都有脂类的氧化反应，通过十八烷酸途径形成的化合物不仅参与信号传导，还能诱导相关基因表达。

未来，我国应继续加强生物防治技术的研究与开发，降低技术成本，提高防治效果的稳定性，并通过政策支持和培训推广，促进生物防治技术广泛应用，为实现农业可持续发展提供有力支撑。

1.2.3 农业防控技术

农业防控（agricultural control）是指通过调整和改进农业生产措施，创造不利于病虫草害发生的环境，从而减少其危害的一种防治方法。农业防控的核心思想是从农业生产环节入手，通过优化作物生长环境、增强作物抗性、破坏病虫草害的生存条件，达到控制其种群密度的目的。

农业防控具有环保、经济、可持续等优点，是综合防治体系的重要组成部分。近年来，我国在农业防控技术的研究和应用方面取得了显著进展，以下是主要研究现状。

（1）抗病品种选育与推广　传统抗病育种主要依赖系统选育和杂交方法，通过亲本优选和后代筛选不断改良作物抗性。目前，随着生物技术的发展，分子标记辅助育种（marker-assisted selection，MAS）、基因编辑技术和全基因组关联分析（genome-wide association study，GWAS）等方法已广泛应用于抗病品种的精准选育，显著了缩短育种周期，提高了育种效率和准确性。

在水稻育种中，通过引入 Pi-ta、Xa21 等抗病基因，已成功培育出多个高产、抗稻瘟病和白叶枯病的品种，如“华占”“中优稻”“中花 17 号”等。这些品种在南方稻区的推广有效降低了病害流行风险，提升了水稻产业整体抗性水平。在小麦领域，针对赤霉病的高发，育种者通过引入 Fhb1、Fhb7 等抗病基因，培育出“郑麦366”“扬麦158”等抗赤霉病的优良品种，不仅有效降低了穗腐和脱氧雪腐镰刀菌烯醇毒素残留，还提高了品质安全性。在棉花育种方面，我国已选育出多个抗黄萎病和枯萎病的品种，如“中棉所41号”“鲁棉研37号”等，在黄河流域和长江流域具有良好的抗性和产量稳定性。

转基因技术的应用进一步推动了抗虫育种向纵深发展，尤其是Bt棉（抗棉铃虫）的大规模推广取得了显著成效。Bt棉通过表达苏云金芽孢杆菌的杀虫蛋白，对棉铃虫具有高致死率和良好的持续防控能力。自1997年试验种植以来，我国Bt棉种植面积逐年扩大。截至2020年，我国Bt棉年种植面积已稳定在3000万亩，覆盖率超过85%，显著减少了化学农药的使用频率与总量。

研究显示，Bt棉种植使得单位面积农药用量减少60%以上，不仅降低了植保成本，还大幅减少了农药残留及对非靶标生物的危害。此外，Bt棉种植的环境溢出效应也逐步显现，邻近区域的非转基因作物亦因棉铃虫种群被压制而受益。

（2）轮作与间作　研究发现，间作和轮作能有效缓解连作导致的植株发育受阻而减产的问题。主要原因是间作与轮作能改善土壤环境、减轻土传病害、提高有益土壤微生物的相对丰度及物种多样性，益于维持土壤养分平衡。

轮作是一种农事耕作管理方法，能够改善土壤质量、提高农作物产量、减少病虫害的发生。通过控制轮作年限、种植顺序和种植密度等因素，可以有效提高农田的生产力和土壤质量。例如，水稻-花生轮作模式可以促进花生主茎高、侧枝长和分枝数的提高，延长花生的生育期，从而提高产量；花生-甘薯轮作能够缓解花生连作对花生营养生长的抑制作用，显著提高不同时期的花生主茎高和侧枝长，在花针期尤为显著。轮作也可以有效缓解因连作引起的植物光合速率和蒸腾速率等生理特性下降问题。相较于连作，轮作有助于促进花生籽仁内部糖分向蛋白质和脂肪的转化，进而改善了花生籽仁的品质。间套轮作的方法可以在多个维度促进花生的成长和发展，包括改善土壤结构、促进营养元素的循环、有效控制病虫害，为花生营造了一个更优的生长条件。间套轮作通过改善光环境和调节花生的光合作用参数，有效提升了花生的光合效率。

间作主要有4种方式：第一种是时间间作，即在同一块土地上，不同季节种植不同的作物，如春小麦-秋玉米、小麦-柴胡间作，在一年内可以种植多种不同的作物，提高土地的利用率和作物产量；第二种是空间间作，即在同一块土地上，同时种植两种或两种以上作物，如玉米-大豆间作，这种方法利用了作物之间的空间关系，结合了不同作物的互补特性，可以提升土地生产力，降低病虫害发生率，改善土壤质量；第三种是种植结构间作，即在同一块土地上，同时种植两种或更多种类的植物，如玉米 - 柴胡高低间作，这种方法通过协调作物的生长结构，可以更有效地覆盖土壤、利用水分和养分；最后一种是轮作间作，即在同一季节或连续季节中种植两种或多种作物，如棉花 - 花生条带轮作，有助于提升土地的养分利用效率，减缓土壤退化，增强农田生态系统的稳定性。花生 - 玉米间作，花生的叶覆盖可以降低玉米地面的裸露程度，减轻土壤侵蚀，有助于保持水分和减少草本杂草的生长。

（3）土壤管理　在当前农业绿色转型与高质量发展的背景下，土壤健康管理已被广泛认定为实现农业可持续发展的基础性和战略性环节。通过科学调控土壤养分结构、微生态环境及耕作制度，可有效提升土壤生产力，减轻病害发生风险，增强作物系统对外界胁迫的抵抗能力。尤其是在病虫害防控体系中，健康土壤为作物提供了稳定的营养基础与生态屏障，其管理水平直接影响农业生态系统的稳定性和作物抗病能力。

在耕作实践中，施用有机肥替代部分化肥被视为增强土壤功能的重要途径。大量研究表明，有机肥的应用不仅有助于提升土壤有机质含量，还能显著改善土壤微生物群落结构，促进有益微生物的繁殖，从而构建更稳定的微生态系统。例如，在高原地区，大量分布的牛羊粪资源可通过腐熟堆肥方式处理后用于田间施用，其在抑制土传病害方面表现出显著效果。一方面，有机物质的分解释放出多种代谢产物，可抑制病原菌的增殖；另一方面，有益微生物的竞争排斥作用也进一步降低了病害发生概率。特别是在连作障碍明显的设施农业系统中，有机肥的长效调理作用可显著缓解连作障碍对作物健康造成的不利影响。

此外，田间卫生管理同样是病害防控中不可忽视的要素。及时清除病株残体、落叶以及田间杂草，能够有效切断病原菌的潜伏源和传播路径，特别是对锈病、白粉病等主要依赖气流传播的病害，其控制效果尤为显著。保持田间清洁不仅能降低病原菌的初始接种量，还能减少害虫的栖息与繁殖场所，从源头遏制病虫害扩散。

（4）生态调控　生态调控技术（图 1-3）在设施农业中发挥着不可替代的作用。作为一种以系统生态理念为核心的管理模式，生态调控不仅仅是一项单一的防控技术，更是一种追求人与自然协调共生的可持续农业发展路径。其基本原则是通过人为干预和优化调控农业生态环境因子，从根本上抑制病虫草害的发生与扩散，同时提升作物自身的抗逆能力，实现作物健康生长与生态系统稳定性的协同增强。在具体实践中，温湿度的精确调控被认为是生态调控技术的关键环节之一。大棚内病虫害的发生与温湿度条件密切相关，尤其是在高温高湿环境下，霜霉病、灰霉病等病害极易暴发。因此，需安装高灵敏度的温湿度监测系统，实时掌握棚内气候参数变化，并依据作物生长需求和病害预警模型，及时实施通风、加湿、降温等物理调控措施。如在夏季或湿度过高的季节，通过开启顶部或侧面通风口、铺设遮阳网、设置喷雾冷却装置等手段，可有效降低棚内湿度和温度，切断病原微生物适宜的生存环境，从而减少病害发生概率。

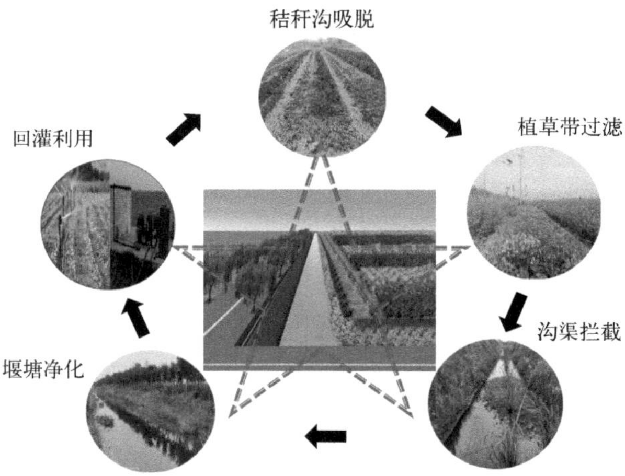

图 1-3 “五位一体”生态防控技术

此外，提升系统生物多样性是实现生态调控效应的重要途径之一。在大棚内实行间作、套作、轮作等栽培制度，不仅能够增加作物种类的多样性，打破单一作物种植带来的病虫害连续发生周期，也可为天敌昆虫提供更丰富的食源和栖息环境。种植蜜源植物（如藿香、波斯菊等）可吸引和维持天敌种群，如瓢虫、草蛉、寄生蜂等，有助于构建稳定的天敌 - 害虫平衡机制，进而减少对化学农药的依赖，降低农业生态系统的环境污染风险。这种以生物多样性为支撑的生态防控模式，既符合绿色防控的发展要求，又具有较强的经济可行性与可持续性。

改善土壤生态环境亦是生态调控体系的重要组成部分。土壤作为作物生长的基础，其微生态状况直接影响植物的健康水平与抗逆能力。施用充分腐熟的有机肥、接种有益微生物菌剂（如枯草芽孢杆菌、地衣芽孢杆菌等），可有效增加土壤有机质含量、改善团粒结构、促进微生物多样性，从而激活土壤自我修复功能与抑病能力，构建不利于土传病害发生的生态环境。特别是在高原、半干旱等特定区域，将当地丰富的牛羊粪资源进行腐熟发酵处理后施入土壤，不仅可以提升肥效，还在一定程度上对根腐病、枯萎病等病害具有抑制作用。配合滴灌、沟灌等精准灌溉方式，能够避免因漫灌导致的田间积水和空气湿度升高，进一步降低病原菌扩散的微环境风险。

生态工程措施的引入也为农业病虫草害防控提供了创新思路。通过构建农田生态沟渠、生态隔离带、生态湿地等基础设施，不仅优化了农田水土保持与排灌系统，还在调节区域微气候、截留有害生物传播路径、提升非耕地生态服务功能等方面发挥了重要作用。这些工程性措施与田间生态调控技术互为补充，共同构建了一个兼顾生产效率与生态稳定的农业防控新格局。

1.2.4 物理防控技术

物理防治是指利用物理手段或器械直接消灭、驱避或隔离病虫草害的一种防治方法。物理防治的核心思想是通过物理方法破坏有害生物的生存条件或直接消灭有害生物，减少其对作物的危害。

物理防治的优点在于环保、无残留、不产生抗药性，是绿色农业的重要组成部分。近年来，随着技术进步和环保意识增强，物理防治在病虫草害防治中的应用逐渐扩大，并取得了一系列研究成果。

（1）诱捕技术　诱捕技术是利用害虫的趋光性、趋色性或趋化性，通过特定装置诱杀害虫。

灯光诱杀是利用害虫的趋光性，通过设置杀虫灯来诱杀害虫的方法。害虫在夜间活动时，会被杀虫灯发出的光亮吸引，飞向光源并触碰到杀虫灯外的高压电网，从而被电击死亡。目前，常用的杀虫灯有太阳能杀虫灯和电力杀虫灯两种。太阳能杀虫灯利用太阳能板将光能转化为电能，储存在蓄电池中，夜间自动亮灯诱杀害虫，具有节能环保的特点。电力杀虫灯则需要外接电源，但使用效果稳定。灯光诱杀方法具有消灭害虫数量大、无环境污染等优点，适用于多种大棚蔬菜害虫的防治，如夜蛾、蚜虫、白粉虱等。色板诱杀是利用害虫的趋色性，通过设置色板来诱杀害虫的方法。不同的害虫对颜色有不同的偏好，因此可以根据害虫的趋色性选择相应的色板进行诱杀。常用的色板有黄色板、蓝色板等。例如，美洲斑潜蝇、蚜虫、白粉虱等害虫喜黄色，可选用黄色板诱捕。色板诱杀方法简单、成本低、无污染，只需将色板悬挂在大棚内外即可。色板诱杀还可以与杀虫灯、防虫网等物理防控手段结合使用，提升防控效果。性诱剂诱捕是通过释放人工合成的性信息素，诱捕特定害虫的雄性个体，干扰其交配行为，从而控制害虫种群。例如，性诱剂在防治棉铃虫、斜纹夜蛾等害虫时效果显著。

（2）隔离与屏障技术　隔离与屏障技术就是通过物理手段阻隔病虫草害的传

播和扩散，减少其危害。

防虫网阻隔是在大棚通风口或入口处设置防虫网，以阻隔害虫迁入大棚内的方法。防虫网透光透气性好、不影响蔬菜正常生长，能够有效防止多种害虫的侵入，如蚜虫、白粉虱、菜青虫等。同时，该方法还可以减少农药的使用量，降低农药残留，保护生态环境。在设置防虫网时，需要根据害虫的体型和飞行能力选择合适的网目，以确保防控效果。防虫网还可以与灯光诱杀、色板诱杀等手段结合使用，形成综合防控体系。地膜覆盖不仅可以保墒增温，还能抑制杂草生长和土传病害传播。例如，黑色地膜可有效抑制杂草，银色地膜对驱避蚜虫有良好效果。在果树栽培中，果实套袋技术可有效防止果实害虫（如桃小食心虫）和病害（如轮纹病）的侵害，提高果实品质。

（3）机械与人工防治　机械与人工防治是通过物理手段直接消灭病虫草害的传统方法，近年来结合现代技术得到了进一步发展。

人工除草是最传统且最直接的方式，具有操作灵活、适应性强、除草效果好等优点，但效率低、劳动强度大，长时间作业易对人体健康产生不良影响。机械除草技术主要通过各类除草部件破坏土壤表层，进而对杂草的生长环境产生影响，具有绿色环保优势，符合农业可持续发展需求。目前，生产实践中常用的除草部件主要包括旋耕式、滚刀式、锄齿式和梳齿式等，均能够实现有效控制和消除杂草。

对于数量不多的害虫，可以采用直接喷水冲洗、人工摘除等方法。直接喷水冲洗就是利用水流的冲击力将蚜虫从植物上冲落，可以在早上或傍晚进行，以避免阳光强烈时喷水对植物造成伤害。人工摘除可以直接用手或镊子，此方法虽然费力，但胜在无需任何化学药剂，对环境友好，可以减少虫口密度。

（4）热处理技术　热处理技术是一种高效、环保的物理防治方法，被广泛用于农业病虫害控制。该技术通过适宜的高温处理，可有效杀灭病原菌、害虫及其虫卵，同时对环境无污染。常见的热处理方式包括土壤太阳能消毒、种子热处理和高温闷棚等。在设施农业中，夏季通过覆盖透明塑料膜进行土壤消毒，可显著降低土壤中病原菌和杂草种子的密度；温汤浸种或干热处理能有效预防种传病害的发生；蔬菜大棚中利用高温闷棚处理，可杀灭病虫并改善土壤生态。

在果蔬采后处理环节，热水或蒸汽（38～60℃）处理被广泛用于木瓜、芒果、番茄等作物的保鲜与病虫害防控。研究表明，短时间的热处理不仅可以抑制真菌侵染，控制果蝇等害虫，还能诱导作物产生抗病反应，如促进细胞壁抗菌结构的形成，增强植物自身抗毒素活性。

此外，辐射与超声波技术作为新兴的物理防治手段，正逐步应用于农业领域。辐射技术（如 γ 射线、电子束）可用于种子和果蔬的灭菌处理，延长其储藏期；而超声波技术可通过物理扰动作用驱避或杀灭仓储害虫，具有安全无残留的优势。尽管超声波在农业上的应用尚处于探索阶段，但其发展前景广阔。

综上，热处理及相关物理防治技术为实现绿色农业和安全生产提供了有力支撑，未来应加强其与其他防控措施的集成应用。

尽管我国在物理防治技术的研究与应用方面已取得显著进展，但在推广过程中仍面临诸多挑战。

① 成本投入较高。部分物理防治措施（如防虫网、诱虫灯等）前期设备与安装成本较高，限制了其在中小规模农业生产中的普及与应用。

② 防治范围有限。当前物理防治技术对特定类型的病虫草害具有较好效果，但在复杂生态系统中尚难以实现广谱、持续的防控效果，难以完全替代传统的化学防治手段。

③ 技术接受度不高。部分农户对物理防治技术的认识和应用水平仍较低，技术培训与推广体系尚需进一步完善。

未来应重点加强物理防治技术的集成化研发与多场景适应性创新，降低其实施成本，提高其对不同作物、不同区域的适用性和稳定性。同时，应通过政策支持、财政补贴及技术培训，提升农户的认知水平和实际操作能力，推动物理防治技术在农业生产中广泛应用，助力我国农业绿色发展与可持续发展目标的实现。

1.3 热物理防控技术概述

1.3.1 热物理防控的原理

热物理防控作为一种环保、无污染的病虫草害防治方法，在我国农业生产中发挥着重要作用。随着技术进步和环保意识增强，物理防治技术将进一步完善和推广，为实现农业绿色发展和可持续发展提供有力支撑。

热物理防控技术的原理为，通过直接接触或环境升温，将热量传导至目标生物体，破坏细胞膜、蛋白质及酶活性。

现有研究表明，温度和消杀时间是杀灭有害生物的重要因素。从图 1-4 中可以看出，大部分真菌、细菌、害虫和杂草种子的致死温度在 60 ～ 80℃之间。此灭杀温度范围为热物理触杀土壤病虫草害提供了技术参考。

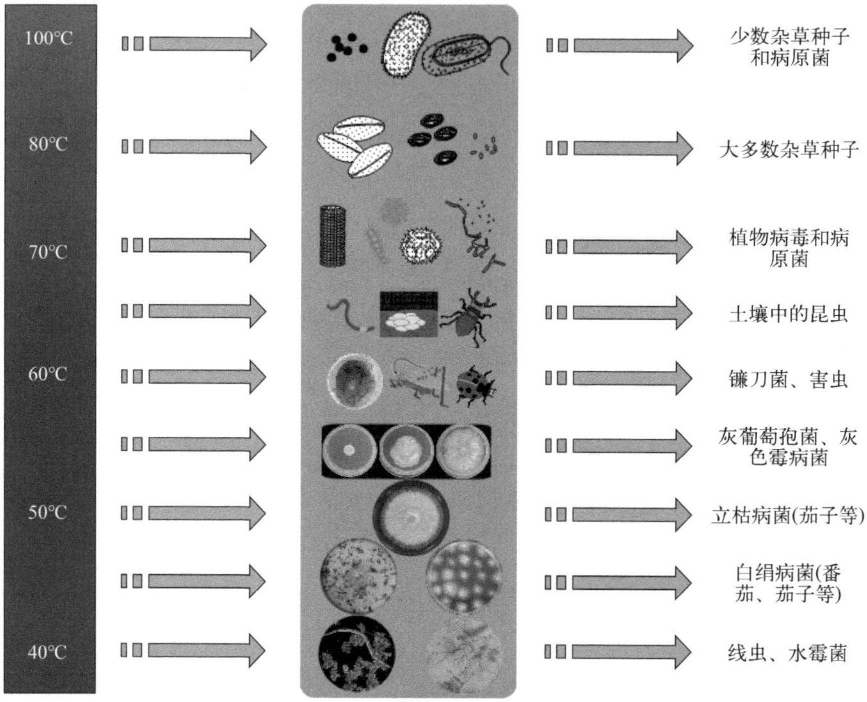

图 1-4 病虫草害的灭杀温度

1.3.2 热物理防控的应用与意义

针对农田病虫草害问题，研究人员从化学、物理、生物以及农艺等角度提出了杀灭土传病原菌、害虫和草籽的一系列防控措施，如表 1-1 所示。联合国粮农组织的研究报告显示，农艺手段可行性不高，化学防治虽然具有良好的灭杀效果，但是对土壤的破坏和毒副作用显著，物理防治由于无毒无害而凸显优势。目前，土壤热物理灭杀主要包括火焰灭杀法、蒸汽灭杀法、太阳能灭杀法、高温热水灭杀法、电灭杀法和微波灭杀法等。各类物理灭杀法有各自的特点，但彼此间又存在一定的联系。例如，蒸汽灭杀法、火焰灭杀法、太阳能灭杀法和高温热水灭杀法属于热灭杀，即高温蒸汽、火焰和热水等可使生物体内的蛋白质发生不可逆的变性，从而快速杀死有害细菌、真菌和病毒等。类似地，微波灭杀法是通过电磁波高频剧烈振荡促使有害菌体内的水、蛋白质和核酸等摩擦生热，使微生物温度迅速升高，体内的蛋白质和核酸等分子结构发生变性或失活而死亡。

表1-1　不同防控措施的效果及不足

处理方法	应用效果	存在的问题
抗病品种	植物育种工作基于分子技术得到了极大的发展	培育周期长，普适性差
化学防治	操作简单方便、见效快，是目前农业生产中防治植物病虫草害的主要措施。常见的化学杀虫剂包括熏蒸剂和非熏蒸剂	高毒、高残留，易产生抗药性，选择性差，危害人体健康，环境污染严重，破坏土壤结构
太阳能灭杀	高温季节通过较长时间覆盖塑料薄膜来提高土壤温度，以杀死土壤中的病原菌等有害生物。具有操作简单、经济适用、对生态友好等诸多优点，其研究和应用日益受到人们的重视	季节性强，受气象条件制约，效果不稳定；处理周期长，不适用大田作业
火焰灭杀	采用天然气、丁烷或煤油等燃料对面罩下悬浮的土壤进行喷燃，在高温下杀死地下害虫、线虫、杂草和病原菌	依赖化石能源，使用成本高，仅对土表层加热处理，土表层以下效果较差
热水灭杀	通过热水管或喷孔将过滤的 70 ～ 95℃热水施于土壤表面。可有效控制多种土传病害	能耗高，水耗高，成本高，经济性差，不适用大田作业
蒸汽灭杀	通过热蒸汽迫使土壤中病害（如细菌、真菌和病毒害虫）的细胞蛋白质变性而死亡。具有高效、清洁、无污染、消毒处理后短期内即可播种等优点	能耗高，设备复杂，无法大面积推广
电灭杀	通过在土壤中通入直流电或正或负脉冲电流引起的电化学反应生成物以及电流来杀灭土壤微生物、根结线虫等土壤病原。具有能够在秧进行消毒而不伤苗的独特优势	能耗高，依赖田间电网，不适用大田作业
微波灭杀	通过电磁波高频剧烈振荡促使有害菌体内的水、蛋白质和核酸等相互摩擦生热，使微生物温度迅速升高，体内的蛋白质和核酸等分子结构发生变性或失活	能耗高，依赖田间电网，不能大面积应用

热物理防控土壤病虫草害的意义主要如下：

（1）绿色环保　热物理防治技术不使用化学农药，避免了农药残留和环境污染问题，有利于保护生态环境。

（2）保障食品安全　通过物理方法防治病虫草害，避免了化学防治可能带来的食品安全隐患，保障了农产品的质量与安全性。

（3）提高作物产量和品质　可有效防控病虫草害，减少作物损失，提高作物产量和品质。

（4）促进农业可持续发展　热物理防治技术符合现代农业绿色防治理念，有助于实现农业可持续发展。

（5）降低生产成本　相比化学防治，热物理防治技术减少了农药的使用，降低了农业生产成本。

（6）改善土壤结构　一些热物理防治方法（如高温火焰处理）可以改善土壤结构，增强土壤的通气性和保水性。

参考文献

[1] 郝丽萍，白育铭，刘艳俊，等．山西省农作物病虫害专业化统防统治发展现状与思考 [J]．中国植保导刊，2025，45 (5): 90-93.

[2] 易和敏，马娇，罗嵘，等．红河州农作物病虫害绿色防控技术推广应用现状与思考 [J]．中国植保导刊，2024，44 (2): 87-90.

[3] 黄朝炎，肖兴军，高彬，等．襄阳市农作物病虫害防控体系建设实践与思考 [J]．中国植保导刊，2023，43 (4): 90-93.

[4] 朱阿秀，王茂涛，田子华．江苏省农作物病虫害专业化统防统治发展现状及思考 [J]．中国植保导刊，2021，41 (5): 95-98.

[5] 王春荣，张齐凤，王振，等．黑龙江省农作物病虫害监测预警体系的构建与推广应用 [J]．中国植保导刊，2020，40 (4): 77-80.

[6] 陈云峰，夏贤格，杨利，等．秸秆还田是秸秆资源化利用的现实途径 [J]．中国土壤与肥料，2020 (6): 299-307.

[7] 刘万才，刘振东，黄冲，等．近 10 年农作物主要病虫害发生危害情况的统计和分析 [J]．植物保护，2016，42 (5): 1-9，46.

[8] 韩太国．农作物病虫害资料整理中分类与统计问题探讨 [J]．中国植保导刊，2015，35 (12): 70-73.

[9] 王建强，王强，赵中华．加快推进农作物病虫害绿色防控工作的对策建议 [J]．中国植保导刊，2015，35 (8): 70-74.

[10] 赵淼，赵闯，孙振中，等．近 20 年来我国农作物病虫害时空变化特征 [J]．北京大学学报（自然科学版），2015，51 (5): 965-975.

[11] 刘万才，姜玉英，曾娟，等．2014 年全国农作物重大病虫害发生趋势预报 [J]．中国植保导刊，2014，34 (2): 47-52.

[12] 杨普云，赵中华．2012 年全国农作物重大病虫害防控工作成效与 2013 年工作展望 [J]．中国植保导刊，2013，33 (2): 30-32，68.

[13] 杨荣明，朱凤，朱先敏．“绿色植保”理念在江苏省农作物病虫害防治中的实践与思考 [J]．江苏农业科学，2012，40 (3): 4-6.

[14] 陈燕羽，罗劲梅，李萍，等．我国豇豆病虫害绿色防控技术研究应用进展及对策建议 [J]．植物保护，2025，51 (2): 1-7，17.

[15] 虞明超．不同生物制剂和高效低毒农药防病治虫试验研究 [J]．河南农业，2025 (7): 70.

[16] 余忠义，何雄奎，苏立阳，等．果园风送对靶变量施药关键技术及装备研究进展 [J]．农药学学报，2025 (4): 1-16.

[17] 王斌．基于生物防治的农作物病虫害绿色防控技术研究 [J]．河北农业，2025 (6): 96, 97.

[18] 郭志刚，李玉涛，杜石勇，等．植物免疫诱抗剂对大樱桃生长发育及抗旱性的影响 [J]．西北农业学报，2025，34 (4): 686-695.

[19] 丁迪，刘涵，汪江涛，等．间作、轮作对连作花生植株生长、产量及品质的改善效应 [J]．华北农学报，2024，39 (6): 115-124.

[20] 宫庆涛，张坤鹏，高晓兰，等．物理介质阻隔技术在橘小实蝇防控中的应用 [J]．植物保护学报，2023，50 (4): 1001-1009.

第2章

火焰或热风灭杀技术

在我国悠久的农耕历史中，刀耕火种是一种古老的农业生产方式。先民们通过焚烧草木清理土地，既为作物生长腾出空间，又利用灰烬为土壤增添养分。这种原始的耕作方式不仅展现了人类与自然共存的智慧，也蕴含着利用热能控制农田环境的朴素理念。随着农业科技的进步，刀耕火种逐渐被更高效的耕作方式取代，但其核心思想——利用热能改善农田环境，却在现代农业中得到了新的诠释。如今，基于火焰的高温灭杀技术成为农作物病虫草害绿色防控的重要手段之一。通过精准控制火焰温度和时间，火焰灭杀技术能够有效灼烧杂草、杀灭土壤表层害虫及病原菌，减少化学农药的使用，同时避免对土壤结构和生态环境造成破坏。这一技术既传承了传统刀耕火种中“以火为用”的智慧，又结合现代科技实现了精准化、环保化的农田管理，为可持续农业发展提供了新的解决方案。20 世纪 30 年代末，火焰除草等类型的高温热除草方式就已经用于棉花和高粱等宽行作物的行间除草。国外传统工业发展较早，尤其是欧洲与美国等地区已经大范围进行了机械化农场建设，对火焰除草机的使用也比较广泛。而目前国内关于火焰除草的研究表明，火烧处理在控制杂草群落的数量与鲜重方面具有显著效果，并能有效降低部分优势杂草的生物量。进一步研究发现，火烧可显著改变植被物种的构成比例，对不同杂草产生选择性作用，既可能抑制某些物种的生物量积累与分布扩张，也可能促进另一些物种的生长与扩展。

在早期，人们就已经开始探索利用热力来防治病虫害。例如，中国古代就有过火熏烟的灭虫方法，人们将点燃的柴草等产生的烟气用于驱赶或灭杀螟虫等害虫，取得了不错的效果。20 世纪初，欧美等地区也开始了对热力防治技术的研究与应用。例如，1927 年美国人曾用蒸汽处理土壤，以防治病虫害。当时主要是一些简单的利用柴草燃烧产生热烟气或用蒸汽等对土壤进行处理的方法。到了 20 世纪中叶以后，随着科技的发展以及对环境保护和农产品质量安全的重视，热空气或烟气灭杀土壤病虫草害技术得到了进一步的探索和改进。研究人员开始更深入地研究热空气或烟气对土壤病虫草害的作用机理，发现高温可以破坏病原菌的细胞结构、干扰虫体的生理机能、抑制杂草种子的萌发活力等，从而达到灭杀病虫草害的目的。近年来，随着全球气候变化、土壤生态环境恶化以及人们对绿色农业的追求，“热风”灭杀土壤病虫草害技术再次引起了广泛关注。在一些国家和地区，这项技术得到了进一步的创新和完善，新型的热空气或烟气发生设备不断涌现，操作更加简便、安全，且能够更精准地控制温度和处理时间，提高了灭杀效果。同时，一些研究也表明，“热风”灭杀技术还可以与其他绿色防治技术相结合，如与生物防治、物理防治等协同使用，形成更全面、更有效的土壤病虫草害防控体系，从而更好地满足农业生产的需求。“热风”灭杀土壤病虫草害技术作为一种绿色、环保的防治手段，其重要性在现代农业发展中日益凸显。它不仅可以有效减少化学农药的使用，降低农药对环境和农产品的污染，保障农产品的质量安全和生态环境的健康，还能为农业的可持续发展提供有力支持。随着技术的不断进步和完善，“热风”灭杀土壤病虫草害技术有望在未来得到更广泛的应用和推广，为农业生产带来更大的效益。

火焰或热风灭杀技术作为一种有效的物理防治手段，在农业病虫草害管理中发挥着重要作用。

火焰灭杀技术主要是将火焰产生的高温直接作用于病虫草害，通过高温瞬间杀死病原菌、害虫和杂草。火焰温度通常可达到几百甚至上千摄氏度，这种高温能够迅速破坏病虫草害的细胞结构，使其失去活性。例如，在农田中通过火焰喷射器对土壤表面进行高温灼烧，可以有效杀死土壤表面的病原菌和杂草种子，减少病虫草害的初始侵染源。

热风灭杀技术则是通过加热空气，形成高温气流，将热风吹送到作物或土壤中来达到杀死病虫草害的目的。热风的温度相对火焰较低，通常在几十到几百摄氏度之间，但其作用面积较大，能够持续对一定区域进行加热处理。例如，在温室大棚中利用热风炉产生的热风对棚内空气和土壤进行加热，不仅可以有效防治棚内病害和害虫，同时还能降低棚内湿度，减少病害的发生。

这两种技术在防治病虫草害方面具有以下相似之处：

（1）高温作用　火焰和热风都是通过高温来杀死病虫草害的。高温能够破坏病虫草害的蛋白质结构和细胞组织，使其失去生命活性。

（2）物理防治　它们都属于物理防治手段，不涉及化学农药的使用，因此不会产生农药残留和环境污染问题，是一种绿色环保的防治方式。

（3）广谱性　火焰和热风灭杀技术对多种病虫草害都具有一定的防治效果，能够同时杀死病原菌、害虫和杂草，具有广谱性特点。

（4）快速见效　高温作用能够迅速杀死病虫草害。与化学防治相比，火焰和热风灭杀技术的防治效果更快显现，能够在短时间内减少病虫草害的数量和降低危害程度。

然而，这两种技术也存在一些差异。火焰灭杀技术的作用温度更高，杀伤范围相对较小，适用于小面积、局部区域的病虫草害防治，如田间杂草的焚烧处理；而热风灭杀技术的作用温度较低，但作用面积较大，适用于大面积、整体空间的加热处理，如温室大棚内的病害防治。

综上所述，火焰或热风灭杀技术虽然在具体应用方式上有所不同，但在技术原理和防控效果上具有相似性，都是利用高温来杀死病虫草害，具有物理防控、绿色环保、广谱性和快速见效等特点。因此，在本节中将这两种技术一并论述，以便更好地理解和掌握它们在农业病虫草害防控中的应用。

2.1 火焰或热风灭杀的工作原理

火焰灭杀是最常见的病虫草害热物理防控技术。它是通过高温火焰烧灼，使草皮表面的水分瞬间蒸发，草根附近温度升高，从而彻底杀死草根，达到除草的目的。其主要方式是在农用机械后部连接一个火焰喷射架，原理与播种机类似，只不过将种子换成了火焰。这种火焰的燃料主要是一系列清洁的可燃气体。这种喷火设备喷出的火焰温度较高，不仅能烧死杂草及其种子，还能杀灭地表的各种有害细菌、真菌和害虫虫卵。

热风灭杀技术是一种通过高温空气灭杀病虫草害的环保方法，其工作原理是高温对生物体具有致命影响。该技术主要利用热风设备产生高温气流（通常为 60 ～ 100℃），并将其直接作用于目标区域。高温气流能够迅速穿透土壤表层或植物冠层，破坏病虫草害的细胞结构，导致蛋白质变性、酶失活以及细胞膜破裂，从而有效灭杀害虫、病原菌和杂草种子。对于害虫，高温可直接杀死成虫、幼虫和卵；对于病原菌，高温能抑制其繁殖和传播；对于杂草，高温可破坏其种子活力，阻止萌发。热风灭杀技术的优势在于无需化学药剂，避免了农药残留和环境污染，同时适用于多种作物和土壤类型。此外，高温气流还能改善土壤通气性，促进有益微生物活动，有助于作物健康生长。然而，该技术需要精确控制温度和作用时间，以避免对作物造成热伤害。总体而言，热风灭杀技术是一种高效、可持续的病虫草害防控方法，符合现代农业绿色发展的需求。

2.2 影响因素

在土壤消毒中，火焰或热风均是采用高温气体媒介对病虫草害实施灭杀，其作用机理相似，统称为“热气”。作用温度、作用时间、作用方式以及环境条件是影响病虫草害灭杀效果的关键因素。作用温度直接决定对病虫草害的杀伤力，较高的温度能够更迅速地破坏病虫草害的细胞结构和生理功能，达到灭杀效果；作用时间影响灭杀的彻底性，适当延长作用时间可确保“热气”充分作用于病虫草害，尤其是对耐高温或处于隐蔽部位的病虫害，能提高灭杀效果；作用方式，如翻耕结合“热气”处理，可将土壤中的病虫草害暴露出来，使“热气”更全面地接触病虫草害，同时改变其生存环境，增强灭杀效果。此外，环境条件，如气象因素（温度、湿度、风速等）和土壤特性（土壤质地、有机质含量等）也会对灭杀效果产生显著影响。例如，适宜的环境温度和湿度可以提高“热气”的传播效率和杀伤力，而土壤的导热性影响火焰热量向土壤深层的传递，进而影响地下病虫草害的灭杀。综合考虑这些因素，能够更科学地优化“热气”灭杀技术，提高灭杀效果，为农业生产提供一种环保、高效的病虫草害防治手段，保障农作物的健康生长和生态系统的平衡。

2.2.1 作用温度

作用温度对灭杀病虫草害的影响主要体现在以下几个方面：

（1）对病菌的影响

① 导致蛋白质变性。高温可使病菌体内的蛋白质发生不可逆的变性，从而破坏其正常的生理功能，导致病菌死亡。一般当温度升高到一定程度（如 80℃以上）时，许多病菌的蛋白质会迅速变性凝固，失去活性。

② 破坏细胞结构。高温能使病菌的细胞膜、细胞壁等结构破裂或受损。例如，一些真菌的细胞壁主要由几丁质等成分构成，在高温作用下，几丁质的结构会发生改变，导致细胞壁破裂，细胞内容物泄漏，从而使病菌失去生存能力。

③ 影响病菌繁殖和传播。消毒可以有效减少病菌的数量，降低其在土壤中的繁殖和传播能力。以土壤火焰消毒为例，火焰消毒机可将土壤中病原真菌和细菌的杀灭率提高到 85% 以上，减少病菌的初始数量，进而降低病害的发生概率。

（2）对害虫的影响

① 直接杀死害虫。“热气”温度极高，能瞬间将害虫体内的水分蒸发，使其机体组织烧焦、炭化。如在葡萄园中采用火焰除草机，可在 0.1 ～ 0.2s 内使杂草和害虫体内的水分汽化，杀死深度达 3cm，可有效灭杀金龟子及象甲等害虫的幼虫。

② 破坏害虫生长发育。高温“热气”可以破坏害虫的生长发育环境，影响其正常的生理代谢过程。害虫的生长发育需要适宜的温度范围，当环境温度过高时，害虫的新陈代谢会紊乱，生长发育受阻，繁殖能力下降，甚至无法正常生存。

③ 清除害虫的越冬场所和生存空间。“热气”消毒可以清除田间的杂草、枯枝落叶等，这些往往是害虫的越冬场所和生存空间。例如，在温室大棚中，冬季采用火焰消毒可以将棚内的杂草和病残体去除，减少害虫的越冬基数，降低来年

害虫的发生量。

（3）对杂草的影响

① 烧死杂草种子和幼苗。高温“热气”能够直接烧死土壤表面和浅层土壤中的杂草种子以及刚萌发的杂草幼苗。例如，当火焰温度达到200℃以上时，杂草种子的蛋白质会变性凝固，使其失去生命力；而杂草幼苗在火焰的灼烧下，细胞结构会受到破坏，很快便会死亡。

② 抑制杂草生长。“热气”消毒可以改变土壤的理化性质，如提高土壤温度、降低土壤湿度等，从而创造不利于杂草生长的环境条件，抑制杂草的生长。此外，消毒还能减少土壤中的营养物质，尤其是杂草生长所需的养分，进而抑制杂草的生长发育。

③ 破坏杂草的繁殖系统。许多杂草通过种子繁殖，“热气”消毒可以破坏杂草的繁殖系统，降低其繁殖能力。高温可以杀死杂草的花粉、胚珠等生殖器官，使其无法正常授粉和结实，从而减少杂草的种子产量，抑制杂草的扩散和蔓延。

2.2.2 作用时间

作用时间对灭杀病虫草害的影响主要体现在以下方面：

（1）对害虫的影响　作用时间短，害虫仅受热昏厥或部分组织受损，生命力顽强的成虫或有保护结构的虫卵、蛹等仍可能存活，待环境适宜即可恢复活性危害作物；而作用时间充足可使害虫体内的蛋白质变性、细胞破裂，彻底破坏其生理结构和功能，无论虫态虫种均无存活可能，完全消除了其对作物的危害风险。

（2）对病菌的影响　作用时间不足，只能杀死病菌营养体或部分孢子，病菌休眠孢子或菌丝体残存于土壤或病残体中，环境适宜时会重新滋生繁衍，引发病害；而作用时间长不仅可以破坏病菌细胞壁、细胞膜，使菌丝断裂、孢子破裂，还能分解病菌生存的有机物质，彻底消除病菌生存环境，有效预防病害复发。

（3）对杂草的影响　作用时间不够，仅能烧灼杂草地上部分，地下根茎或种子未受致命伤害，凭借地下营养储存和种子休眠等特性，杂草仍可再次萌发；而作用时间长可烧毁杂草地上部分，使地下根茎受热损伤失去再生能力，同时提高土壤温度，加速种子陈化，降低其发芽率，从根源上控制杂草生长。

2.2.3 作用方式

作用方式（土壤表层、土壤精旋和土壤流化）对灭杀病虫草害的影响主要体现在以下方面：

（1）土壤表层“热气”处理　许多病菌在土壤表层的病残体或土壤颗粒表面越冬或越夏，“热气”处理可直接烧死这些暴露的病菌，减少病菌数量，抑制病菌的生长繁殖，从而降低病害的发生概率。但是“热气”的高温会改变土壤表层的理化性质，如降低土壤表层的湿度。同时，由于土壤热导率低，导致土壤深层病害灭杀效果差，能源利用率低。

一些害虫喜欢在土壤表层产卵或栖息，如某些地下害虫的卵和幼虫分布在土壤表层。“热气”处理可以直接烧死这些害虫及虫卵，减少害虫的数量。然而，“热气”处理的温度必须适度。过高不仅造成能耗高、经济成本大，还可能破坏土壤表层理化性质并影响后茬作物种植。

“热气”可以快速烧毁土壤表层杂草的地上部分，包括茎、叶等，使其失去光合作用的能力，从而抑制杂草的生长。另外，部分杂草种子位于土壤表层，“热气”的高温可以烧毁这些种子，降低土壤表层杂草种子的储备量，减少杂草的发生数量。

（2）土壤精旋结合“热气”处理　精旋能将大块的土壤破碎成细小、均匀的颗粒，在土壤中形成了更多、更通畅的孔隙和通道，使得热气更容易渗透到土壤的深层，减少了消毒死角。

此外，通过精细旋耕可使土壤颗粒大小一致，改善其通气性和疏松度，避免土壤板结，为后茬作物根系的健康生长创造更好的土壤环境。总之，土壤精旋可实现“松耕 - 消杀”协同、病虫草一次灭除。

（3）土壤流化结合“热气”处理　流化可使土壤颗粒悬浮，“热气”能更均匀地作用于土壤中的病菌，即使隐藏在土壤颗粒内部的病菌也能被有效杀死，灭菌效率高，更加有助于抑制病害的发生。

流化可使土壤中的害虫和虫卵暴露在“热气”中，从而可精准地灭杀害虫。同时，流化和“热气”处理可改变土壤的物理性质，使土壤变得疏松干燥，破坏害虫的生存环境，减少其生存和繁殖的机会。

流化可使土壤中的杂草根茎和种子悬浮，“热气”可全面烧毁杂草的各个部位，包括根、茎、叶和种子，实现对杂草的全面灭杀，杂草复发率显著降低。

2.2.4 环境条件

目前，“热气”灭杀病虫草害的效果也与环境条件密切相关。

（1）气象温度　在高温下，“热气”的热量传递更具效率，可加速病虫草害体内蛋白质变性与水分蒸发，提升灭杀效果。如在炎热夏季，“热气”处理土壤表层的病虫草害，能快速升温，增强杀伤力；而在低温下，会降低热量传递速率，减弱灭杀效果。

（2）风速与风向　在无风或微风情况下，“热气”易控制，可均匀覆盖目标区域，实现稳定灭杀效果；而在强风下，“热气”易迅速蔓延，难以控制，可能引发火灾。同时，风向突变会扩大火焰影响范围，增加灭杀不确定性。

（3）土壤特性　对砂质土壤来说，“热气”热量传递快，能迅速提高土壤温度，有效杀死害虫、病菌和杂草种子；而对黏质土壤来说，“热气”热量传递慢，土壤易结块，会影响对深层病虫草害的灭杀效果。

2.3　火焰或热风灭杀的应用现状

将高温火焰直接作用于土壤，能够有效杀灭土壤中的病原菌、害虫及虫卵等。例如，扬州大学奚小波团队搭建了一套室内火焰除草试验台，以高羊茅草种为对象分析了不同深度土壤受热温度变化，从而研究火焰除草中高羊茅的受热耐性。试验结果表明，当温度升至 140℃时，高羊茅草种可被彻底灭活；在火焰长度 20cm、火焰竖直距土壤表面 10cm 的条件下，土壤受热最为充分。实际处理 3s 即可取得显著的除草效果，土壤表面草种灭除率达 91%，土壤 1mm 深处灭除率为 64%，土壤 2mm 深处灭除率仍可达 44%。此外，江苏地区研制的自走式精旋土壤火焰杀虫机可对土壤进行高温灭菌杀虫处理，杀灭线虫的有效作用深度可达 20cm。农业农村部南京农业机械化研究所研发的设施土壤火焰消毒机可将土壤提取到设备中进行粉碎和高温灭菌处理，灭杀病虫、病菌的效果达 80% 以上。

火焰灭杀技术在杂草清除领域的应用同样值得关注。例如，四川省农业农村厅积极推动火焰碳化除草机项目研发，针对高湿度环境与复杂地形的作业痛点，重点攻关小型化、轻量化设备，以物理除草方式替代传统化学除草剂，从源头减少化学药剂对土壤的污染，守护耕地生态。在技术创新层面，火焰与激光耦合除草机器人已进入研究阶段。该技术通过火焰与激光的协同作用，可根据不同区域杂草密度动态调节除草方式——杂草密集区可依托火焰实现快速覆盖灭杀，杂草稀疏区则通过激光精准清除，有效兼顾除草效率与作业精度，进一步拓展了物理除草的适用场景。

联合收割机余热在杂草防治中的应用也有一定潜力。热风与高温烟气凭借短时间内即可实现病虫草害灭杀的特性，展现出高效性与广覆盖性的独特优势，在植保领域应用前景广阔，但该类技术普遍存在能耗高、依赖化石能源的现实问题。在农业生产场景中，联合收割机作业时会同步完成作物收获与杂草处理，然而多数杂草种子会随颖壳重新返回田间，为后茬作物留下草害隐患。值得关注的是，收割机作业过程中会产生大量余热。据监测，正常收割条件下，其发动机涡轮增压器正后方的废气温度可达 400 ～ 480℃，这为余热资源化用于杂草防治提供了可能。丹麦哥本哈根大学植物与环境科学系 Christian Andreasen 团队针对这一潜力展开研究，结果显示，热处理对种子活力的影响存在显著差异。上述研究表明，联合收割机作业中产生的余热具备实际应用价值，若能将其合理利用，在杂草种子随壳返还田间前对其进行热处理，有望杀死种子或降低其活力，从而为农业草害防治提供一种低能耗、资源化的新路径，助力解决传统高温除草技术依赖化石能源的痛点。

利用根茬燃烧热触杀病虫草害也提供了一种热物理防控的新模式。针对作物根茬 / 秸秆直接还田引发的土传病害、根茎类虫害和草害加剧，露天焚烧造成的火灾隐患和大气污染等问题，河南农业大学焦有宙团队研究了作物根茬 / 秸秆清洁燃烧和高温烟气热触杀病虫草害技术，设计了移动式作物根茬 / 秸秆可控燃烧装置，并开展了高温烟气对携病土壤的高温触杀试验，实现了田间“根茬 / 秸秆生物灰制备还田”与“浅土层病虫草害灭杀”。

2.4 典型装置结构及运行参数

2.4.1 手持式火焰消毒机

设备类型：小型手持火焰喷射器，通常由燃料罐、喷枪和点火装置组成。

适用场景：小面积农田、果园、温室或局部杂草、害虫高发区域。

作业方式：操作人员手持喷枪，对准目标区域（如杂草基部或害虫聚集处）进行火焰喷射。通过手动控制火焰强度和喷射时间，精准灭杀目标。

优点：灵活性强，适用于复杂地形和小范围作业。

缺点：效率较低，适合小规模或精细化作业。

2.4.2 背负式火焰消毒机

设备类型：背负式火焰喷射器，燃料罐和喷枪集成在背架上，便于携带。

适用场景：中等面积的农田、果园或温室。

作业方式：操作人员背负设备，手持喷枪进行火焰喷射。可以边走边操作，覆盖较大区域。

作业特点：相比手持式更高效，适合中等规模作业。但是对操作人员的体力要求较高。

2.4.3 牵引式火焰土壤处理机

设备类型：牵引式火焰灭杀机，通常由拖拉机牵引，配备多个火焰喷射头，如图 2-1 和图 2-2 所示。

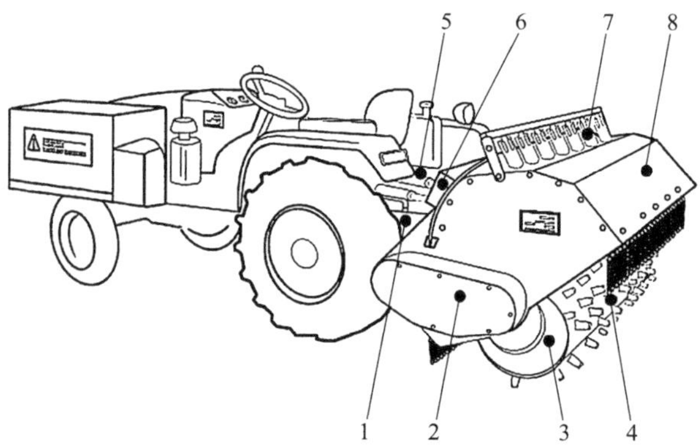

图 2-1　土壤火焰消毒机结构示意图

1—分动箱；2—链轮箱；3—旋耕部分；4—佩戴刀片；
5—液压举升部分；6—第二排加热装置；7—第一排加热装置；8—旋转式松土机构

图 2-2　牵引式火焰灭杀试验

适用场景：大面积农田、行间除草或土壤表面消毒。

作业方式：拖拉机牵引设备沿作物行间匀速行进，火焰喷射头对准杂草或土壤表面进行高温处理。可调节火焰高度、角度和强度，适应不同作物和杂草高度。

作业特点：作业效率高，适合大规模农田。但是设备成本较高，需要拖拉机配合，对地形的适应能力也弱。

2.4.4 旋耕式火焰一体化处理机

设备类型：由牵引式拖拉机拖动，采用旋耕式火焰消毒，如图 2-3 所示。

(a) 作业场景　(b) 起垄

(c) 旋耕　(d) 消毒

图 2-3　设施温室精旋火焰土壤消毒起垄一体机性能试验

适用场景：大面积农田、温室大棚、行间除草。

作业方式：拖拉机牵引处理机行进作业时，可通过机械作用将土壤破碎并细化成颗粒状，然后将细土颗粒向上抛撒进行喷射火焰消毒。另外，设备搭载的刀轴、直刀及刮板组可同步完成起垄作业，为后续农事活动奠定基础。该设备可实现土壤破碎细化与起垄的一体化操作，提升农业生产效率。

作业特点：作业效率高，适合大规模农田和温室大棚。但是设备成本较高，需要拖拉机配合。

2.4.5 自走式作物根茬燃烧灭杀土传病害一体机

自走式作物根茬燃烧灭杀土传病害一体机的结构如图 2-4 所示。该一体机包含多个子系统，如：①根茬刨切、茬土分离单元；②根茬 / 秸秆可控清洁燃烧单元；③高温烟气 - 土壤高效热触杀单元；④高尘、高湿尾气净化单元；⑤灰渣覆埋还田单元。该装备集收获、输送、燃烧、烟气净化和土壤及灰渣覆埋还田等功能于一体，实现了根茬可控清洁燃烧和土壤热触杀的高效耦合，可显著改善作物土传病害问题，为农业废弃物的资源化利用与土传病害的绿色防控提供了全新的技术解决方案。

图 2-4 自走式作物根茬燃烧灭杀土传病害一体机结构示意图

1—旋耕式残茬切割机；2—振荡传输单元；3—螺旋收集机；4—螺旋辊式筛分机；5—锤式破碎机；6—土壤上料器；7—根茬预热管；8—燃烧炉；9—热触杀移动床；10—引风机；11—发电机；12—作物残茬上料器；13—柴油机；14—卸载装置；15—旋风除尘器；16—喷淋塔；17—地面平地机

其主要工作原理如下：作物根茬和土壤收集装置通过前部的旋耕刀片将根茬和土壤刨出抛送到振动筛传送装置上；此装置对土壤和根茬进行初次筛分，大块的土壤被振碎落入田中，秸秆根茬和根际土被刮板提升装置带入破碎分离装置；秸秆根茬和根际土被粉碎和分离后通过输送带分别进入清洁燃烧单元和换热单元，可燃烧的秸秆和根茬进入正烧反烧炉燃烧提供热量，根际土被带入折流板式换热装置进行热触杀。炉膛内燃烧产生的高温烟气通过烟道进入换热装置和根际土进行对流换热，换热后的烟气进入除尘净化单元；经过旋风除尘和湿式除尘的烟气通过烟道进入破碎装置，对作物残茬和根际土进行预热干燥，最后排入大气。炉膛内燃烧形成的生物质灰和触杀后的根际土落入田中，开沟覆土装置对其进行覆埋。自走式作物根茬燃烧灭杀土传病害一体机作业现场如图 2-5 所示。

(a)　　　　(b)

图 2-5　自走式作物根茬燃烧灭杀土传病害一体机作业现场

与目前同类型装置相比，自走式作物根茬燃烧灭杀土传病害一体机有以下几个明显的技术要点：

① 实现了秸秆、根茬、土壤挖切、捡拾、烘干、粉碎、输送、燃烧、触杀、除尘及还田过程的一体化和自动化，使作业的效率更高。

② 通过移动式装置对根茬 / 秸秆进行收集焚烧，利用可控清洁燃烧技术解决了根茬 / 秸秆露天焚烧导致的环境污染和火灾隐患，同时实现了生物质灰制备

还田。

③ 通过根茬 / 秸秆燃烧炉膛与气固换热器耦合，利用高温烟气对土壤病虫草害进行热触杀，实现了以废治害，且采用生物质能源代替传统化石燃料，可助力实现“双碳”目标。

该装置是针对黄淮海地区小麦 - 玉米轮作区研制的，经测试，对小麦、玉米的秸秆和根茬均适用。小麦及玉米经过收割机收割后，秸秆、根茬无需粉碎还田或者打捆，该装置可直接捡拾并燃烧，不仅实现了清洁燃烧，减少了污染物的产生，也充分利用秸秆 / 根茬燃烧热量对病虫害进行了热触杀，减少了农药使用造成的环境影响。同时，秸秆 / 根茬燃烧后的灰和未完全燃烧的根茬还田不仅补充了土壤养分含量，对改善土壤结构、提升土壤地力也具有积极意义，促进了生态农业发展。

2.5 应用案例分析

2.5.1 液化石油气火焰消毒土壤病害

由于常年实施秸秆还田，造成土壤中菌源积累，品种抗性较差等因素，我国黄淮地区的小麦茎基腐病发生普遍，如河南省焦作、许昌、商丘等地发生严重，并呈现加重和蔓延趋势。为解决上述问题，基于热物理灭杀法的原理搭建了高温火焰热触杀土传病害试验台，探究移动速度（处理时间）、土壤湿度、火焰强度等因素对土传病害实际灭杀效果的影响。火焰消毒试验台如图 2-6 所示，试验仪器的精度如表 2-1 所示。

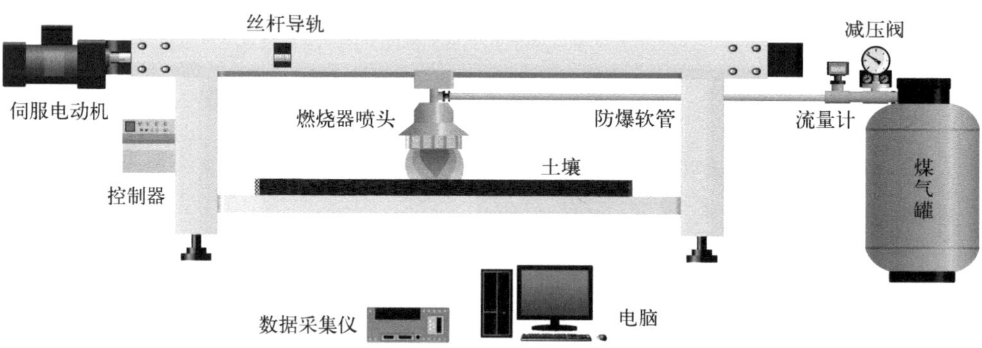

图 2-6　火焰消毒试验台示意图

表2-1　试验仪器的精度

设备名称	测试内容	范围	精度
减压阀压力表	罐内压力	1 ～ 4MPa	±2.5%
流量计	气体输出流量	1 ～ 15L/min	±2.5%
T 型热电偶	温度	-270 ～ 400℃	±0.5℃，±0.4%
分析天平	测量土壤重量	0.01 ～ 220g	±0.0001g

为了探究火焰热触杀土壤病原菌的实际效果以及土壤的升温特性，设计了简易的火焰喷排进行相关试验。常用的火焰喷头主要包括锥形、柱形和蜂窝帽喷头等，如图 2-7 所示。蜂窝帽喷头喷出的火焰相比前两种喷头更加均匀，火焰强度较弱，多用于家用燃气灶，不宜选用。选用柱形喷头制作喷排时，因其尺寸为 25mm × 50mm × 2mm（直径 × 高度 × 厚度），喷出的火焰直径一般小于 1.5*d*（*d* 为喷排直径），因此每排间隔 37.5mm 均匀布置 8 个，布置四排。喷排的尺寸为 370mm × 260mm × 135mm（长 × 宽 × 高），如图 2-8 所示。喷排固定在距离地面 100mm 的位置。

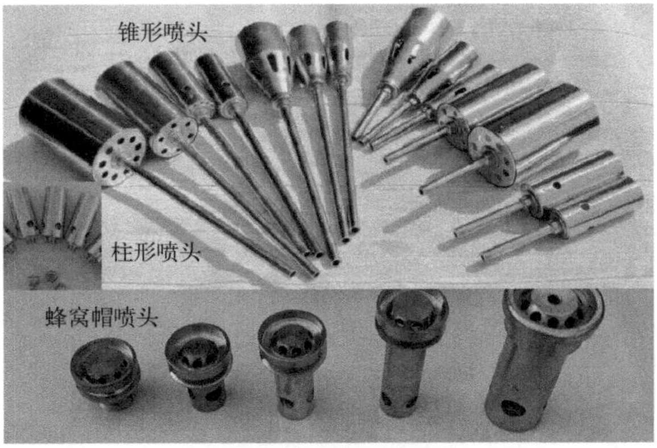

图 2-7　常用火焰喷头

为实现喷火器预期的直线运动，将其固定在导轨滑块上，通过电动机驱动导轨滑块带动喷火器运动。导轨滑块的控制系统由伺服电动机、驱动器、控制器、联轴器、丝杆模组、电源等部件组成。伺服电动机及其控制器为上海奕标自动化科技有限公司的 DKC-Y110 型号产品；驱动器为浙江一川电机有限公司的 A1 系列产品；选用直径为 20mm 的丝杆模组。导轨滑块的有效行程为 1.5m，可在 0.016 ～ 1m/s 的范围内调控滑块的速度。

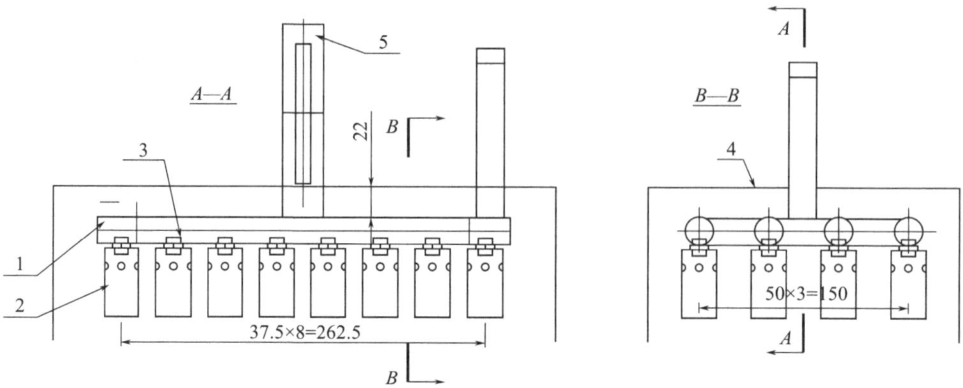

图 2-8　喷火炉排平面示意图

1—燃气管；2—喷头；3—喷嘴；4—炉排罩；5—高度调节吊片

为获得实际的病原菌灭杀效果，在相同条件下开展了 30mm 深度的火焰土壤消毒试验。炉排喷头火焰的实际效果如图 2-9 所示。小麦茎基腐病病情分级标准如图 2-10 所示。结果表明，1min 的持续加热，对草籽基本起不到有效的灭杀效果；3min 后效果显著，草籽灭活率达 90% 以上，镰刀菌灭活率达 85% 以上；5min 时，草籽和镰刀菌的灭活率基本达到 100%。连续火焰消毒 3min 后，小麦的平均病情指数为 50.61；9min 时，小麦的平均病情指数降至最低。

图 2-9　炉排喷头火焰的实际效果

火焰强度是影响土壤升温快慢的关键参数，而燃气的流速通常与火焰的强度呈正相关关系，所以用液化石油气的供给流速来表征火焰强度。因此对燃气流量对土壤内病原菌的灭杀效果进行了相关实验。结果表明，燃气流量为 2L/min 时，草籽和镰刀菌的平均灭活率分别为 15.80%、48.15%；而在 9L/min 时，草籽和镰刀菌的平均灭活率分别为 65.13%、65.56%。12L/min 时相对 9L/min 时，病原菌灭

图 2-10　小麦茎基腐病病情分级标准

杀效果提升不大。用火焰消毒后的土壤培养小麦，发现随着火焰强度提高，小麦茎基腐病病情指数逐渐下降。燃气流量为 2 ～ 12L/min 时，小麦的平均病情指数分别为 59.63、60、52.59、52.23。

在 2% ～ 24% 的土壤湿度范围内，随着土壤湿度增大，镰刀菌和草籽的灭活率均呈现先升高后降低的趋势。因此，在土壤湿度合适时进行火焰触杀，效果会相对更好。

为进一步评估火焰消毒对病原菌的实际灭杀效果，通过程序控制往返作业，即实现往返两次间隔热处理。三组土壤处理完成后，取 0 ～ 8mm 的表层土壤定量评估病原菌灭杀效果。结果表明，火焰移动速度与病原菌灭杀效率呈显著负相关关系。对应的小麦盆栽试验表明，0.01m/s 处理后的土壤种植小麦 20d，小麦病情指数从对照组的 84.76 显著降低至 50，0.02m/s 处理组降低至 67.54，而 0.04m/s 处理组的病情指数仍高达 78.24，仅较对照组降低了 7.69%。证实低速火焰处理对病害防控具有关键作用。

在消毒机行进速度 0.01m/s 时，探究了火焰对不同深度土壤病害的灭杀效果。从结果中可以看到，火焰触杀对 0 ～ 10mm 深度内的土壤病害具有较为明显的灭杀效果；10 ～ 20mm 深度内，草籽和镰刀菌的平均灭活率显著降低，分别降至 3.70% 和 22.22%；火焰触杀对大于 20mm 深度内的土壤病害基本无灭杀效果。相应的小麦盆栽试验表明，在土壤深度为 0 ～ 10mm 时，小麦的病情指数降低至 61.90；而当土壤深度≥ 10mm 时，与对照组（无火焰消毒）相比，小麦的病情指数分别降低 87.14% 和 72.75%。因此，火焰触杀方式仅仅对 10mm 内浅层土壤病害具有明显的灭杀效果，且处理速度缓慢。

为提高作业效率和消毒效果，火焰精旋土壤消毒技术被开发出来，并在设施农业中得到了应用。该技术将土壤旋耕和消毒结合在一起，实现了一体化作业。即在土壤被旋耕刀具精细切削、抛起时施以火焰的灼烤，将土壤中的根结线虫等病原杀死。由邱威等研发的精旋火焰土壤消毒一体机测试结果可知，在机具行走速度为 0.63m/s，耕作深度为 22cm 时，土壤消毒温度可达 50 ～ 70℃，杀虫灭菌率为 82.9%，液化石油气（LPG）消耗速率为 450kg/hm²，相比直喷式火焰消毒，作业效率和灭杀效果有了很大的提升。尽管该技术仍依赖化石能源，但其土壤精旋抛起技术为今后的研究提供了新思路。

2.5.2 设施温室精旋火焰土壤消毒起垄一体机

现有火焰土壤消毒技术还存在以下问题：机具需要重复下地，消毒与精细深耕、起垄等一体化作业尚未实现；土壤消毒效果受到刀轴转速、耕作深度、机具行走速度等多种因素影响，目前多因素影响条件下的火焰土壤消毒参数组合优化方案还不清晰，作业效果有待进一步提升。基于精细深耕、土壤消毒和起垄平整联合作业工艺设计了一款精旋火焰消毒起垄一体机，以避免作物生产过程中机具重复下地，并通过田间试验、数据分析求得了该一体机的最佳工作参数组合。

精旋火焰消毒起垄一体机主要由旋耕碎土装置、火焰消毒装置、起垄装置、电子打火装置、机架、传动装置等组成。其中旋耕碎土装置主要包括直刀、刮板、刀轴等零部件；火焰消毒装置主要包括液化气罐及其支撑架、燃气供应管路、火焰喷嘴组等零部件，如图 2-11 所示。其主要技术参数见表 2-2。机具通过

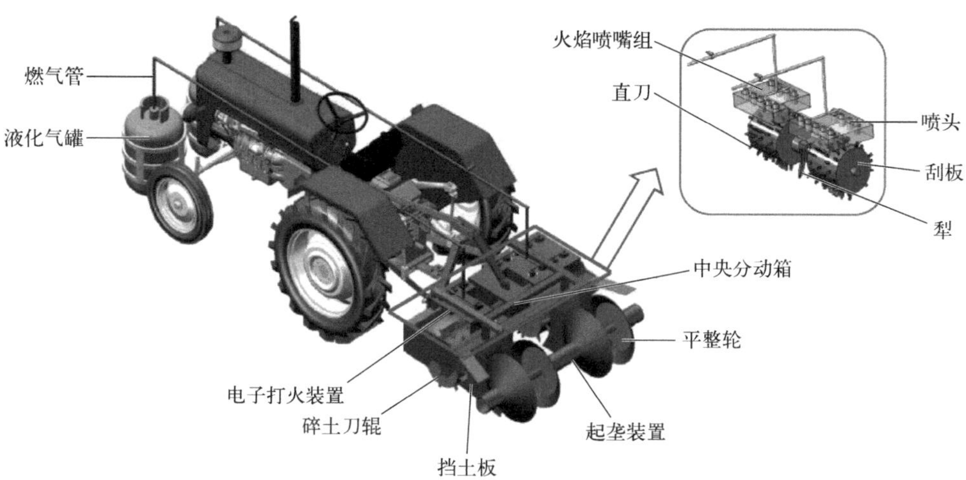

图 2-11　精旋火焰消毒起垄一体机结构示意图

三点悬挂支架连接于拖拉机的后方，随着拖拉机的行走实现田间作业。碎土刀辊位于机架的前部，其上部为火焰喷嘴组，机具前安装有气罐，两者通过管道相连。起垄装置位于机架后部，可利用三点悬挂机构上下调节碎土刀辊和起垄轮轴，从而调节耕作深度。

表2-2 主要技术参数

参数	数值
整机尺寸（长 × 宽 × 高）/ mm × mm × mm	1450 × 1500 × 850
配套动力 /kW	44
挂接方式	三点后悬挂
旋耕深度 /mm	80 ～ 225
作业幅宽 /mm	1500
刀齿数量	132
犁深 /mm	300
消毒速度 /（m/s）	0.6 ～ 0.8

工作时，拖拉机将动力传递至中央分动箱，中央分动箱将一部分动力传递至碎土刀轴，带动碎土刀辊旋转、翻土，刀辊上的刀齿旋切土壤，被切碎的土壤沿着刀片的切线方向抛起，燃气从前端液化气罐释放，通过管道运输至火焰喷嘴组，远程遥控电子打火器，产生电火花，点燃气体，产生高温火焰，对刀辊抛起的细碎土壤进行瞬间高温加热，使其温度升高，被抛起的土壤下落继续对深层土壤进行加热，完成对根结线虫和大部分病原微生物的消杀；另一部分动力通过链传动，经过中间轴传递至起垄轮轴，由此带动平整轮转动，将消毒后的土壤分散到两侧并堆积，最后在起垄装置的作用下，压整出高质量垄形，实现精细碎土、消毒与起垄。

市面上常见的燃料有压缩天然气、液化天然气、液化石油气 3 种。在燃烧热值相差不大的情况下，选用成本低、安全性高、便携性强的液化石油气作为精旋火焰消毒起垄一体机的燃料。土壤分层受热模型如图 2-12 所示。作业时行走速度为 0.63m/s，高温火焰在机器前进方向上的覆盖宽度为 130cm，由火焰覆盖宽度和机具行走速度的比值可得土壤受热时间为 2.06s，取 2s。

研究表明，刀轴转速对垄形合格率和杀虫灭菌率有显著影响。刀轴转速较小时，传递给土壤的速度难以支撑其沿规划路径完成起垄工序；较大的刀轴转速使得切削土壤的动力更足，能切削出较大的土量，从而使得垄侧面更容易被压实。

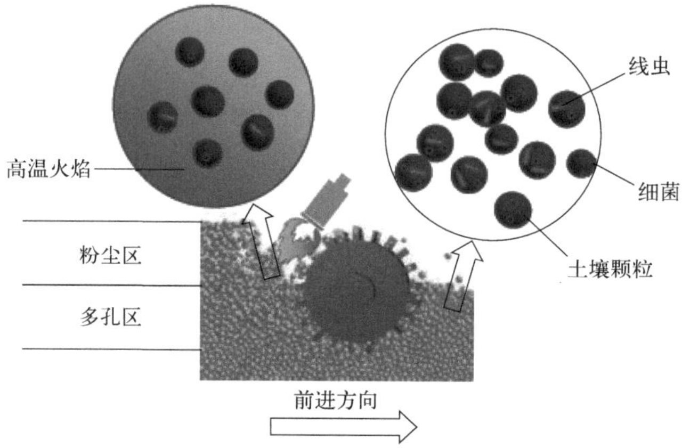

图 2-12　土壤分层受热模型示意图

刀轴转速在 200 ～ 240r/min 时，垄形合格率迅速提升 28.4%。因此，垄形合格率随着刀轴转速的增加呈现增大趋势。刀轴转速越高，土壤切削作业越彻底，细碎的土壤能够促进杀虫灭菌作业的进行，但随着刀轴转速持续提升，火焰难以穿透单位时间抛起的大量土壤颗粒，导致下层土壤消毒效果差；过多的土壤颗粒又会在机壳顶部聚集，影响燃料和空气的混合，降低火焰燃烧特性。当刀轴转速为 220r/min 时，杀虫灭菌率达到最大值。因此，杀虫灭菌率随着刀轴转速的增加呈现先增大后减小的趋势。

机具行走速度对垄形合格率和杀虫灭菌率也有影响。行走速度直接决定火焰燃烧加热的时间，当机具以较小的速度行驶时，土壤和火焰接触较为充分，杀虫灭菌效果好。在当前运动参数下，机具行走速度对垄形合格率的影响较小，但杀虫灭菌率随着机具行走速度的提升迅速降低。垄形合格率和杀虫灭菌率均随着机具行走速度的增加呈现减小的趋势。

耕作深度对垄形合格率和杀虫灭菌率也有影响。随着耕作深度的增大，较大的土量使得垄侧面更容易被压实，垄形合格率逐渐升高。同时，随着耕作深度的增大，土壤切削量增多，单位时间需要加热的土壤数量增加，因此杀虫杀菌效果变差。所以，杀虫灭菌率随着耕作深度的增大而缓慢减小。

以常用的广谱型化学熏蒸剂（棉隆）土壤消毒为对照，测算两种方法的作业成本，结果如表 2-3 所示。由表可知，火焰机械化土壤消毒与棉隆机械化土壤消毒的作业成本分别为 4543 元 /hm^2、11630 元 /hm^2，可见火焰机械化消毒的作业成本可节约 7087 元 /hm^2。火焰土壤消毒机的燃料（LPG）消耗速率为 450kg/hm^2，而每千克 LPG 燃烧排放 2.98kg CO_2，经测算火焰土壤消毒作业时 CO_2 排放量为

$1341kg/hm^2$。虽然火焰土壤消毒能增加一定量的 CO_2 排放，但其具有无毒性、环保、高效等显著优势，应用前景广阔。后续可通过废气回收和使用更清洁的燃料等方式控制 CO_2 排放。

表2-3　作业成本明细表

消毒方式	类别	金额 /（元 /hm^2）	合计 /（元 /hm^2）
火焰机械化土壤消毒	燃料费	3750	4543
	燃油费	423	
	设备费	70	
	人工费	300	
棉隆机械化土壤消毒	药剂费	7500	11630
	地膜费	3200	
	设备费	30	
	人工费	900	

2.5.3　作物根茬燃烧高温烟气灭杀土传病害

根据牵引式作物根茬燃烧防治病虫草害的实验装置和关键工序（图 2-13），笔者团队在充分研究其原理、结构和功能的基础上，精心设计并实施了一系列科学试验。在方案制定过程中，针对不同作物根茬的特点、病虫草害的种类以及土壤的特性等多方面因素进行了综合分析，力求使试验具有广泛性和代表性。同时，为了确保试验数据的准确性和可靠性，采用先进的测量仪器和严谨的统计分析方法对燃烧过程中的温度变化、病虫草害的灭杀效果以及病情指数等关键指标进行了全方位的监测和记录。通过这些试验，不仅验证了牵引式根茬燃烧装置在实际应用中的可行性和有效性，还深入探究了其对农田生态系统的影响，为推动这一创新技术在农业领域的广泛应用提供了坚实的理论依据和实践指导。

通过监测烟道内沿程烟气温度变化，可以判断装备的热工性能、炉膛的燃烧情况以及换热器的工作状态等，从而降低燃料消耗量、排放物的含量，保证设备的正常运行和安全性能。沿炉排方向的温度监测对于优化燃烧炉操作、提高能源利用效率、保障设备安全运行等方面具有重要意义。

通过热触杀消毒土壤后，利用稀释平板法分离土壤中真菌和细菌。与对照组相比，在四个工况对应的初始烟气温度 117℃、132℃、153℃、167℃处理下，单位质量土壤中真菌菌落数的灭杀率分别为 33.33%、93.33%、100%、100%；

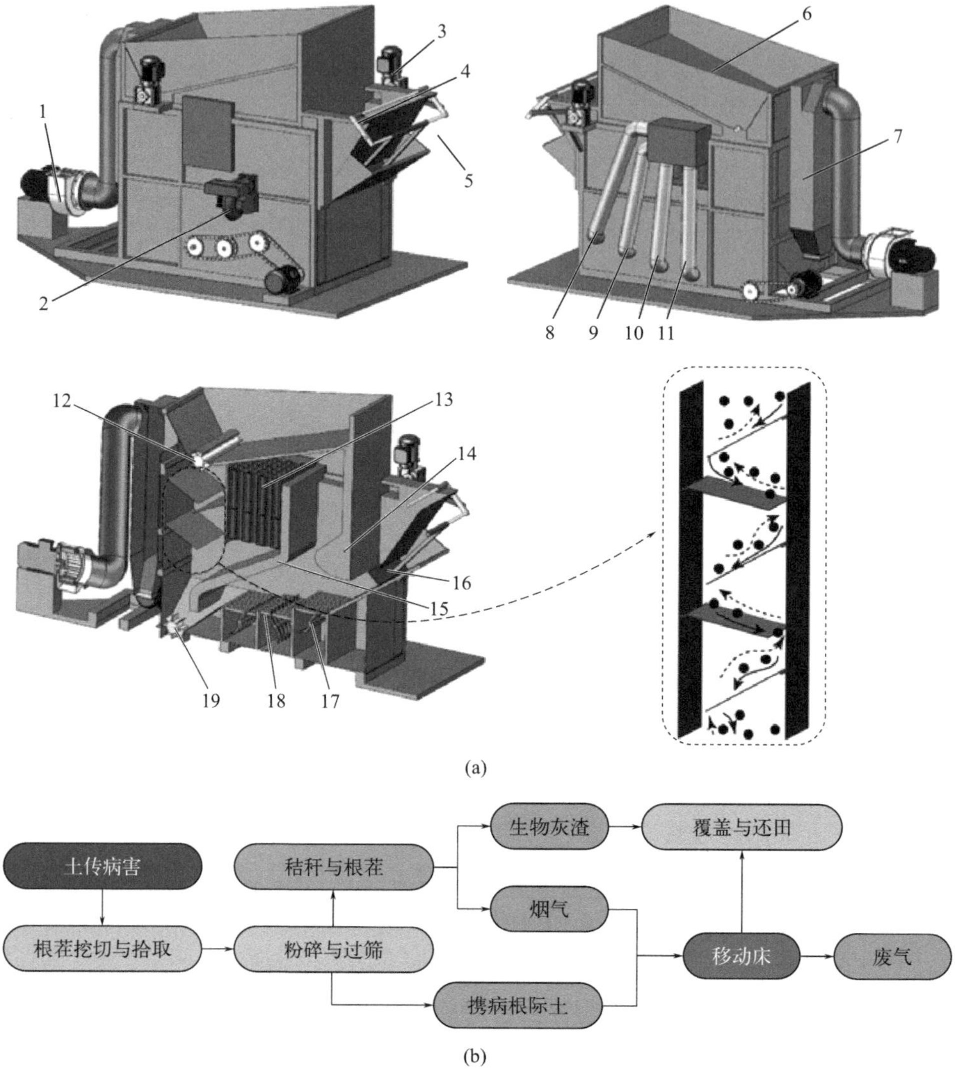

图 2-13 设备结构图及其关键工序

（黑色圆圈表示土壤，实线箭头表示土壤运动方向，虚线箭头表示烟气流动方向）

1—引风机；2—燃烧机；3—齿轮电动机；4—燃料仓；5—摇臂；6—土壤仓；7—挡板；8—一级风室；9—二级风室；10—三级风室；11—四级风室；12—播土转轮；13—空气换热器；14—前拱；15—后拱；16—推料板；17—旋转推杆；18—多级炉排；19—卸载转轮

同时，单位质量土壤中细菌群落数的灭杀率分别为 53.33%、86.67%、96.67%、100%。可以看出，真菌和细菌的灭杀率随消杀温度升高而提高。在 117℃时，真菌和细菌的灭杀率较低，且细菌对温度更加敏感；在 132℃时，细菌的灭杀率达到 86% 以上，而真菌的灭杀率达到了 90% 以上，说明细菌的高温耐受性要比真菌强；在 167℃时，真菌和细菌的灭杀率均达到 100%，达到了灭杀要求。

对不同处理小区内玉米进行病害普查。对照处理组玉米茎基部呈深褐色、松软且中空状态，根部呈黑褐色腐烂，果穗叶片枯死下垂；而热触杀处理组玉米茎基部呈正常的青黄色，根部呈白色，果穗叶片向上生长。其他未发现有纹枯病症状。

为进一步量化热触杀效果，对不同处理的小区进行了统计。与对照处理组相比，经焚烧小麦根茬对土壤进行热触杀处理的玉米根部发病株数略有降低，而病情严重度却明显降低。为综合量化玉米发病率和病情严重度，采用病情指数进行综合评价。对照处理组 3 个小区的病情指数分别为 67.14、78.57、76.43，平均值为 75.05；而热触杀处理组的病情指数分别为 47.14、34.29、41.43，平均值为 40.95，相比前者降低了 34.1。

为持续跟踪热触杀对后茬作物玉米田中的土传病害在采收时期的影响，分别选取对照组和热触杀组中田间玉米的茎基部和根部进行组织分离。结果表明，与对照处理相比，经过热触杀处理的田间玉米茎基部和根部真菌数量均明显减少。

通过形态学和分子生物学鉴定，组织分离得到了镰刀菌属、早熟禾夏季斑枯病菌、全蚀病菌、链格孢属、木霉菌、篮状菌属等。其中，对照处理组共分离真菌 44 株，镰刀菌占比最大，包括拟轮枝镰刀菌 12 株、假禾谷镰刀菌 4 株、禾谷镰刀菌 4 株等，早熟禾夏季斑枯病菌、全蚀病菌、链格孢属、木霉菌、篮状菌属等物种共 6 株，其他物种 12 株。而热触杀后仅有茄病镰刀菌 1 株、拟轮枝镰刀菌 2 株及其他物种 1 株。

我国农作物根茬 / 秸秆产量每年约 9 亿吨。随着禁烧政策实施、资源化利用技术进步和利用途径拓宽，农作物茎、叶、秆等易转化利用部位在能源化、饲料化、肥料化、基料化、材料化等方面利用水平不断提升，而作物根茬由于收取困难、含土量高等，不适宜直接进行“五化”，其资源化利用水平较低。目前最常见的作物根茬处理方式有直接还田和露天焚烧。还田处理有利于改善土壤理化性状、促进养分循环，对维持农田肥力，提高陆地土壤碳汇能力具有积极作用。但直接还田容易将大量植物病原菌、虫卵和杂草种子带入土壤，并为其提供适宜的生长环境和营养物质，增加了初侵染病原菌量，导致作物发病率上升。另外，直接还田还会因粉碎粒度过大而造成土壤漏水漏肥，直接影响下茬作物种子的发芽和生根。同时，局部聚集的秸秆在腐熟过程产生的酸性物质会对种子及幼苗产生影响，造成缺苗或弱苗现象。为减少作物根茬 / 秸秆对耕作的影响，焚烧是主要的处理形式。但由于水分高、夹杂过量土，会造成不完全燃烧而释放大量“黑烟”，对区域环境质量和人类健康产生影响。

茎基腐病、根腐病、纹枯病、线虫、赤霉病、玉米螟和农田杂草是影响作物生长和产量的重要因素，其病原菌及草籽、宿根主要分布于作物根、茎和浅层土壤中。作物收获过程中，剩余根茬和抛撒的秸秆在得不到有效处理的情况下会成为病虫草害的温床，在缺乏深耕、休耕腐熟时病虫草害将会累积，导致病情加剧，不仅造成防控成本增加，加剧生态环境污染，还会造成粮食减产甚至绝产，严重危害国家粮食安全。消除携病根茬 / 秸秆及浅土层的病虫草害是减缓和抑制病虫草害发生及确保粮食安全生产的重要保障。

参考文献

[1] Couey H M，陈业渊．热处理防治热带水果采后病虫害 [J]．热带作物译丛，1991 (2): 35-37．

[2] Andreasen C, Bitarafan Z, Fenselau J, et al. Exploiting waste heat from combine harvesters to damage harvested weed seeds and reduce weed infestation [J]. Agriculture, 2018, 8(3):42．

[3] 赵凌平，魏楠，谭世图，等．冬季火烧对黄土高原典型草原群落特征及土壤特征的影响 [J]．草地学报，2018，26 (3): 576-583．

[4] 卜钒．火焰除草土壤受热特性及喷火参数优化试验研究 [D]．扬州：扬州大学，2022．

[5] 许光辉，赵奇龙，高宇．火焰高温消毒技术防治农田土壤病虫害研究与试验 [J]．农业工程，2014, 4 (S1): 52-54．

[6] 朱焕光，李刚，刘超洁，等．小麦 - 玉米轮作根茬燃烧热触杀防控土传病害的试验 [J]．农业工程学报，2024, 40 (8): 90-97．

[7] Jakobsen K, Jensen J A, Bitarafan Z, et al．Killing weed seeds with exhaust gas from a combine harvester[J]. Agronomy, 2019, 9 (9): 544-557．

[8] Wang X N, Cao A C, Yan D D, et al. Evaluation of soil flame disinfestation (SFD) for controlling weeds, nematodes and fungi [J]. Journal of Integrative Agriculture, 2020, 19 (1): 164-172．

[9] Han X, Wang L, Li R, et al. The effect of flame sterilization on the microorganisms in continuously cultivated soil and the yield and quality of tobacco leaves [J]. Agriculture, 2024, 14 (11): 1868．

[10] 邱威，刘颖，刘前锋，等．温室精旋火焰土壤消毒起垄一体机设计与试验 [J]．农业工程学报，2025, 41 (5): 1-10．

[11] Zhu H, He C, Li G, et al. CFD-DEM simulation on flow behavior and heat transfer characteristics in a zigzag moving bed for soil disinfection [J]. Case Studies in Thermal Engineering, 2025, 72: 106248.

[12] 刘新新，李硕硕，李刚，等．高温烟气热触杀土壤病草害装备设计与试验 [J]．河南农业大学学报，2024, 58 (5): 826-837．

[13] Ma H, Zhao C, Yang S, et al. Research on a new-designed Venturi ejector and dazomet particle motion characteristics for dilute-phase pneumatic conveying systems based on CFD-DEM [J]. Computers and Electronics in Agriculture, 2023, 213: 19.

[14] Huh D A, Chae W R, Lim H L, et al. Optimizing operating parameters of high-temperature steam for disinfecting total nematodes and bacteria in soil: Application of the Box-Behnken design [J]. International Journal of Environmental Research and Public Health, 2020, 17 (14): 5029.

[15] 郭文磊，冯莉，田兴山．火焰灭草技术在果园中的应用效果 [J]．杂草学报，2019, 37 (2): 35-39.

[16] 翁晓星，施新杭，黄赟，等．生物质颗粒燃料火焰消毒旋耕机设计 [J]．农业工程，2019, 9 (5): 84-87.

第3章

蒸汽或热水灭杀技术

3.1 蒸汽或热水灭杀的工作原理

3.1.1 蒸汽或热水的生成原理

蒸汽或热水灭杀技术以物理、高温、无污染的特性，成为当前设施园艺中重要的土壤消毒方式。蒸汽和热水的生成是整个灭杀过程的关键前提。蒸汽和热水灭杀使用的高温蒸汽和热水，主要来源于燃料锅炉、电加热锅炉以及近年来迅速发展的脉动燃烧蒸汽发生器。传统燃料锅炉通过燃烧煤、柴油、天然气等化石能源，将水加热至沸腾，形成热水或高压饱和蒸汽。该方式技术成熟，输出稳定，但存在设备体积庞大、热效率较低、污染排放高、不可移动等问题。相比之下，电加热锅炉运行清洁，适合医院、食品行业等对环境要求高的场景。但其功率普遍偏低，需配套电源，难以满足野外作业需求。

近年来，发展迅速的脉动燃烧技术为蒸汽灭杀的能源获取提供了新的突破。脉动燃烧是一种在声场或压力场激励下的非稳态燃烧方式，具有燃烧强度大、能效高（热效率可达 98%）、污染物排放少、结构简单、启动快速等优势。利用脉动燃烧装置可以实现便携式蒸汽输出，大大提升了设备的适应性与现场操作灵活性。这类设备特别适合用于温室、大棚、苗圃等对作业便捷性和能源利用率要求较高的农业环境。

3.1.2 蒸汽或热水的杀菌灭虫机理

蒸汽或热水进入土壤后，可依靠高温与高湿特性，通过物理方式对病原微生物、虫卵、线虫及杂草种子等有害生物进行灭杀。热水灭杀是通过开孔洒水管将普通常压热水锅炉产生的 80 ～ 95℃热水灌注到土壤中，为增强保温效果，可在土壤表面铺盖保温覆盖膜。此法可使 30cm 深处的土壤温度达到 50℃以上，从而起到消灭土壤中病虫害的作用。但是该法耗水量较大（注水量通常为 100 ～ 200L/m²），在水资源不足的地区使用受限。因此，热水灭杀技术逐渐退出市场应用。而蒸汽灭杀主要通过蒸汽热量的快速传导与蓄积，使土壤温度迅速提升至致死范围，同时水蒸气凝结时释放的汽化潜热可进一步增强热杀灭效能。研究表明，若土壤温度维持在 70℃以上 30min，即可有效杀灭大部分细菌、真菌和线虫；若温度超过 95℃、保温 5 ～ 7min，即可灭活多数顽固病原菌与杂草种子。与干热处理相比，蒸汽灭杀因更强的热传导性与穿透力，能更均匀、快速地将热量传导至根际土层（20 ～ 30cm 深处，这是作物根系最活跃，也是病虫害分布最集中的区域)。蒸汽杀灭生物体的原理包括细胞膜破裂导致渗透性丧失、蛋白质变性致使酶系统失活、遗传物质损伤、种子提前萌发后死亡以及线虫因体腔压力变化而破裂。蒸汽灭杀不仅对靶标生物体具有效果,对土壤生态系统也具有一定的正向调节功能。在杀灭病原菌群的同时,土壤中抗热性或恢复能力强的益生菌(如放线菌、芽孢杆菌等)可迅速恢复,帮助构建更健康的土壤微生态。此外,高温处理还能促进团粒结构形成,提高土壤通气性和渗透性,有利于作物根系发育和吸收。与化学熏蒸相比,蒸汽处理后几乎无残留、无抗药性,作物可在处理完成后 1 ～ 2 天内直接播种或移栽,显著缩短了生产周期,特别适合用于高价值作物的快速轮作与密植生产。总之,蒸汽灭杀病虫害技术凭借高效、环保、经济、安全的优势,在现代农业中展现出广阔应用前景,尤其是随着移动式脉动蒸汽系统的普及,其灵活性与实用性将进一步增强,成为土壤消毒绿色替代的主力方向。

3.2 蒸汽或热水灭杀的应用现状

3.2.1 蒸汽或热水燃烧器的应用现状

在土壤高温消毒技术的研究与应用中,首要问题是蒸汽或热水如何高效稳定地供应。目前普遍采用锅炉或专用蒸汽发生器作为热源,经由末端装置将热水或蒸汽输入土壤,实现高温杀菌。热水灭杀系统一般由常压热水锅炉和洒水装置组成,锅炉提供 80 ～ 95℃的热水,洒水装置将其均匀地注入待处理土壤。然而,热水灭杀存在诸多局限,如热量在土壤中的渗透深度和分布均匀性较差,杀灭效率不稳定,且水资源消耗较大,适用范围有限。因此,蒸汽灭杀作为更高效、环保的替代方案受到广泛关注。

Merfield 等研究人员成功研制了专门用于地表去除杂草的蒸汽发生装置。该装置主要由燃烧器、燃烧室、注水管道、喷嘴、蒸汽分配管道以及密封壳体等部件组成。燃料在燃烧室内燃烧产生热量,用以加热空气。高压水喷射到燃烧室内,随即被燃烧产生的高温气体迅速蒸发,形成由微细水雾转化而成的水蒸气;水蒸气由燃烧器流向蒸汽分配管道,穿过管道底部的狭槽到达罩壳的下方来熏蒸杂草。密封壳体可有效减少热量的损失。

为降低燃料消耗的成本,Fennimore 和 Goodhue 成功研制了一种以丙烷为燃料的直喷燃烧式蒸汽发生器，如图 3-1 所示。该蒸汽发生器采用卧式安装方式，使用过程中挂接在牵引车后方，满足了压力容器始终保持水平的要求，大大降低了蒸汽发生器内部爆炸的风险。其燃气消耗量约 506L/ 亩，作业成本约 3500 元 / 亩。

图 3-1 直燃型蒸汽发生器

德国 MSD 公司生产的蒸汽发生器，采用了卧式燃烧方式，利用过热器产生高温干蒸汽，热效率是传统水蒸气的 2 倍；采用了高温低压技术，最大压力仅 0.1MPa；实现了全自动运行方式，配备专门的操作柜，内置自动调节设备，以保证实现全自动的蒸汽供应，并配置了可视性功能指示和可听性警报信号。其常见机型有 MS100、MS200、S250、S500 等。根据消毒面积，其蒸汽产生量从 100kg/h 到 2000kg/h 不等。图 3-2 为 S350 型蒸汽发生器的实物。目前，该蒸汽发生器广泛应用于园艺、农业、酒窖、工业生产等领域，国内一些单位也购买了此设备用于连作障碍病害的防治。但该设备价格昂贵，维修不便。

图 3-2 S350 型蒸汽发生器

江苏省农业科学院的宋修超等研究人员自主研制了一台功率可调式导热油加热消毒设备，可对西瓜重茬基质进行高温处理。基于此设备，对工作参数进行了优化，并进一步研究了基质的消毒效果。试验结果表明，对于含水率 40% 的基质，70℃高温处理 2 ～ 2.5h，可有效灭杀重茬基质中的病原菌。该设备单次处理量 $3m^3$，处理成本约 40 ～ 55 元 /m^3。

潘四普等针对设施大棚中土壤蒸汽消毒的蒸汽来源问题，根据脉冲燃烧技术的原理研发了卧式蒸汽发生装置（图 3-3）。该装置热效率高、污染物释放度低，采用双化油器供油供气的单脉动燃烧发动机，不仅显著提高了发动机功率，还减小了整机尺寸，增强了设备的移动灵活性；发动机主体浸没在锅体水内直接加热。试验结果表明，脉动燃烧发动机可平稳正常工作；在额定条件下，每小时耗油量仅为 9.7kg，该发生器的热效率达到 95.5% ；当蒸汽产量为 150kg/h 时，出气口的蒸汽温度为 108℃，完全满足土壤蒸汽消毒蒸汽量和灭菌温度的要求。

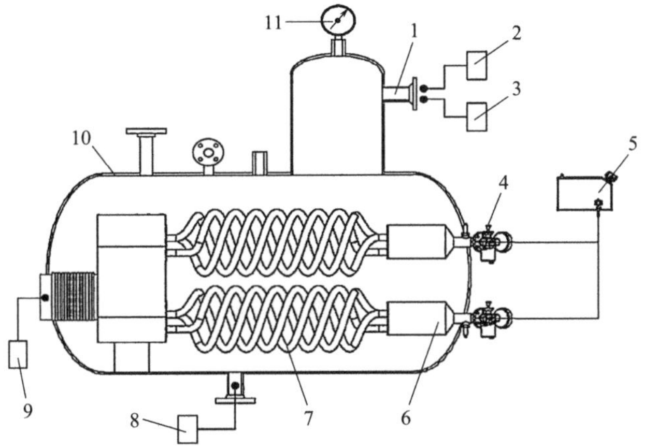

图 3-3　蒸汽发生装置结构图

1—蒸汽出口；2—蒸汽温度记录仪；3—蒸汽湿度记录仪；4—化油器；5—油箱；6—燃烧室；7—螺旋管；8—给水温度记录仪；9—尾气分析仪；10—筒体；11—压力表

蒸汽燃烧器作为土壤蒸汽消毒系统的核心部件，其安全性、热效率、能耗控制水平直接决定整套系统的消毒效果与经济可行性。从国外成熟设备到国内新型技术的不断突破，当前蒸汽发生装置正朝着轻量化与便携式设计、清洁能源驱动、自动化与智能控制、多能源复合系统方向快速发展。未来，蒸汽燃烧装置将在农业绿色高质发展中发挥更为重要的支撑作用，是实现“少农药、保产能、稳生态”的关键装备基础之一。

3.2.2 蒸汽或热水消毒装置的应用现状

土壤蒸汽消毒作为一种高效、绿色的土壤处理技术，在欧美等地区已被广泛应用，并在大田及设施温室连作障碍地块中进行了大量的实践和研究，现已形成一整套成熟的技术体系。从作业流程、设备结构到关键控制参数均已实现标准化，装备机型种类多样、工作性能稳定可靠，且具备较高的机械化和自动化水平。土壤蒸汽消毒技术起源较早，1888 年由德国人 Frank 首次提出，1893 年美国将其商业化应用。20 世纪 50 年代，英国对蒸汽消毒设备的灭菌效果进行了系统研究，并统计分析了相关试验数据。此后，日本、荷兰、意大利、以色列等农业强国也建立起完整的土壤蒸汽消毒技术体系。

相比之下，热水消毒虽然同样以高温处理土壤为目的，但存在诸多弊端，限制了其广泛推广应用。首先，热水灌注对土壤状态要求较高，为保证热量能有效传递到深层土壤，必须进行深度整地和良好透水性处理。例如，40cm 的深耕地灌注量为 150 ～ 200L/m^2，而浅耕地和免耕地的灌注量大幅下降，处理效果受到限制。其次，土壤含水量较高时会阻碍热水下渗，降低深层消毒效果。再次，为避免热量快速散失，热水灌注作业时还需同步进行覆盖作业，操作工艺复杂，对作业时机和人员协同要求高，作业效率低，热能利用率有限，且热量易扩散至非目标区域，增加能耗。总体来看，热水消毒更适合用于局部处理，难以实现高效、连续、深层的土壤病害治理。

蒸汽消毒具有穿透性强、温度分布均匀、升温迅速等优点，可在不改变土壤理化性质的前提下，快速灭杀病虫草害的同时避免水分滞留造成的次生问题，是目前国际上土壤消毒领域更为优选的绿色防控手段。尽管我国在土壤蒸汽消毒方面起步较晚，仍主要依赖引进和改进国外技术，但近年来也取得了一定研究进展，正逐步向装备多功能化、作业自动化方向发展。根据设备行走方式，蒸汽消毒装置可分为固定式、牵引式和自走式，适用于不同类型的耕地和作业需求。

（1）固定式蒸汽消毒装置　固定式土壤蒸汽消毒设备是目前设施农业中较为常见的一种高温消毒系统，其基本结构为蒸汽发生装置与蒸汽消毒装置相分离的形式。此类设备的核心思想是通过一定形式的输送系统，将产生的高温蒸汽精准输送至土壤病原体所在区域，利用蒸汽的高温热力效应对土壤中的真菌、细菌、线虫、虫卵、杂草种子等有害生物进行灭杀，从而改善土壤生态环境，保障作物健康生长。其消毒机构通常由一根或多根蒸汽输送管道构成，这些管道可以直接敷设于地表，也可以通过机械或人工方式深埋于土层内部。在管道结构设计上，通常沿管壁开设多个出气孔，以使蒸汽能够均匀扩散至目标区域。为提升蒸汽在土壤中的保温能力和渗透效果，从而实现对病原微生物的高效杀灭，常配合使用耐热地膜进行地表覆盖，或采用抽气负压技术辅助蒸汽深入扩散。固定式蒸汽消毒主要包括三种方式：地表覆膜蒸汽消毒法、地下埋管蒸汽消毒法和负压抽气蒸汽消毒法。不同方法适应不同作物和土壤环境的需求。

地表覆膜蒸汽消毒法［图 3-4（a）］是在土壤表面覆盖一层耐高温、耐腐蚀的材料（如高强度耐热油布或帆布），并通过接口将高温蒸汽导入膜下区域。在高温高湿的环境下，蒸汽通过热扩散与水汽渗透的方式逐步传导至土壤内部，实现消毒目的。该方法不需复杂的土壤改造，适用于临时性或大面积处理场景。但其缺点也较为明显，如蒸汽扩散受限、热量损失较大、消毒深度有限，常需长时间连续通汽处理。为使蒸汽渗入土壤较深处，通常情况下需要通汽数小时，消毒效率较低，并且使用场合受到很大限制。Minuto 等利用蒸发量为 400kg/h 的单管式蒸汽发生器，在不同土质条件下进行了覆膜消毒试验。结果表明，对于深度约 16cm 的土层，至少需要用 80℃的蒸汽持续加热 20min 才可达到土壤消毒的要求。由此可见，尽管地表覆膜蒸汽法在操作上更为便捷，但其适应性与效率在高标准作物生产中仍有局限。

地下埋管蒸汽消毒法［图 3-4（b）］是一种将蒸汽输送管道预先埋设在目标土层区域的技术方式，具有更强的渗透能力和热效率。该方法主要通过人工或机械手段，在土壤 40 ～ 60cm 深处铺设耐高温、耐腐蚀的橡胶或金属螺纹蒸汽管道，管道上开设有出气孔，可使蒸汽从下向上均匀释放，充分穿透根际层，实现深层杀菌。该方法的优势在于蒸汽与病原体接触更直接，消毒深度可控性强，尤其适用于果树、蘑菇、草莓等对根部病害控制要求高的作物。例如，Gilbert 等采用梳状蒸汽管道对草莓基质进行了消毒（基质温度保持在 70℃持续 20min）。结果表明，消毒效果明显优于溴甲烷。日本学者 Tomoaki Ito 等通过埋设在土壤中的蒸汽管道给土壤输送高温蒸汽进行了杀菌消毒。结果表明，该方式对农业土壤中的复杂菌群具有广谱灭杀能力，并可持续提升土壤理化性质。国内方面，福建省莆田市荔城区土壤肥料技术站的蔡开地等针对蘑菇种植过程中的覆土材料消毒需求研制了一种管道式蒸汽消毒机。该设备通过设置的蒸汽输送通道，利用高温蒸汽的热传导作用实现高效灭菌，为蒸汽灭菌技术提供了一种创新方法。该研究采用多因素试验方法对蒸汽消毒工艺进行了优化与验证。结果表明，该技术可使蘑菇产量提高 2.84% ～ 5.71%，并能有效抑制病害发生。尽管该方法在效率与灭菌效果方面优势明显，但实施初期需进行管路设计与铺设，前期成本较高，同时对田间管理和后期种植调度也存在一定干扰，特别是在作物生长季节难以频繁使用。

负压抽气蒸汽消毒法［图 3-4（c）］主要是在地下插入橡胶抽气管，并在地头配置大功率真空风机装置，形成地下负压区。此时土壤孔隙中的空气被抽出，土壤局部形成真空或低气压状态，而高温蒸汽则在大气压推动下自然进入土壤空隙中，完成自上而下的扩散与渗透。该方法能够显著提升蒸汽利用率与渗透深度，是当前设施农业中较先进的一种物理灭菌手段。有研究表明，经过 4h 连续处理，45cm 深处土壤温度可达 60℃。这种技术尤其适合对深层根际或多年生作物病害进行清除的应用场景。然而该方法对设备性能要求高，风机功率、电源稳定性、蒸汽压力控制等均需精准配合，整体系统成本较高，技术集成度也需进一步提升。

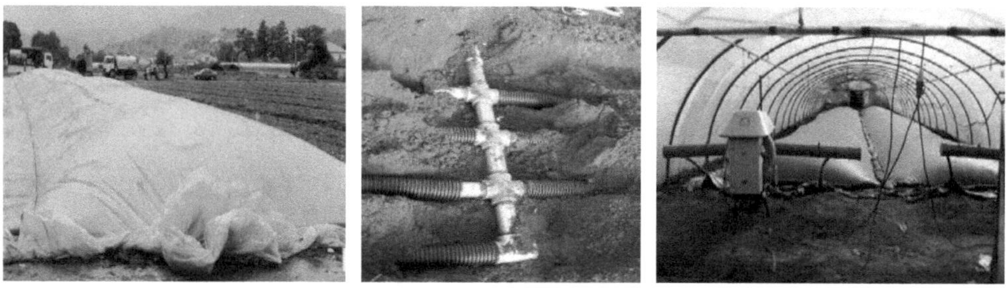

(a) 地表覆膜蒸汽消毒法　(b) 地下埋管蒸汽消毒法　(c) 负压抽气蒸汽消毒法

图 3-4　固定式土壤蒸汽消毒

综上所述，固定式蒸汽消毒设备因结构分离、控制灵活、应用面广，在现代农业土壤病虫害防治体系中占有重要地位。不同类型的消毒方式各具特点：地表覆膜法结构简单，适合应急性消毒；地下埋管法消毒彻底，适合高价值作物与定点管理场景；而负压抽气法在蒸汽利用效率与消毒深度方面表现优异，适用于深层病虫害治理。未来，随着蒸汽设备的小型化、自动化与智能控制技术发展，这些固定式蒸汽系统将在土壤健康管理、绿色种植和设施农业循环利用中发挥更为广泛和深远的作用。

（2）牵引式蒸汽消毒装置　在蒸汽消毒技术体系中，牵引式土壤蒸汽消毒设备是一类具有较强作业灵活性与场地适应性的实用机械。该类设备的主要特征在于：蒸汽消毒机构可在拖拉机、农机等动力机械的牵引下进行作业，具备移动能力，适用于大面积或连片作业地块。与固定式系统相比，牵引式设备作业范围更广，部署便捷，尤其适合田间反复作业及季节性土壤处理需求。

牵引式土壤蒸汽消毒设备通常配备专门的开沟、翻耕或松土工具，如犁、耙、刀片或高压消毒针等。作业过程中，在动力机械牵引带动下，土壤被耕翻或划裂，同时高温蒸汽通过管道注入土壤深层，实现同步加热消毒处理。这种结构的优势在于破土 - 注汽 - 覆盖 - 消毒一体化完成，大幅提高了作业效率与热能利用率。与此同时，部分先进机型还集成了液压升降系统、深度调节机构、温控反馈模块等装置，使作业过程更智能、安全与节能。

在国外，牵引式蒸汽消毒装备的开发起步较早，市场成熟度高，技术标准先进。德国 MSD 公司研发的牵引式土壤蒸汽消毒机如图 3-5（a）所示。该设备通过动力机械牵引前进，采用液压升降结构调节蒸汽注入深度，每天最大消毒面积达 1000m^2，消毒深度 15cm，消毒温度大于 80℃，可实现对病菌、线虫和杂草种子的有效灭杀。该设备的燃料消耗为 0.65L/m^2，能源利用效率较高。瑞士 Fobro-Mobil 公司和德国 Mobildampf.de 公司共同研发的牵引式土壤蒸汽消毒机如图 3-5（b）所示。该设备采用三点悬挂方式与牵引动力连接，并装配有液压控制的振动耙（其振动频率可在 60 ～ 200Hz 的范围内调节），有助于打碎土壤结块、提升蒸汽渗透深度。该设备可实现 5 ～ 15cm 深度范围的消毒，以 40 ～ 140m/h 的速度行进，适用于不同类型作物的苗床和设施大棚作业环境。丹麦 Egedal 公司生产的 Egedal 600 型牵引式土壤蒸汽消毒机如图 3-5（c）所示。该设备配置了两个专用蒸汽消毒盘，并配备有蒸汽水箱，最大载水量可达 2200L。作业时该设备以 1m/min 的稳定速度缓慢前行，以使蒸汽有充足时间在土壤中释放并传导热量，从而提高消毒效果。该设备的消毒深度控制在 5 ～ 8cm，消毒温度维持在 70 ～ 75℃，能够有效满足浅层苗床、播种沟等区域的病虫害处理需求。其燃油消耗为 50L/h，理论消毒效率为 144m^2/h，广泛应用于种苗基地、有机农场和高端花卉种植场。

(a) MSD公司研制的消毒机　　(b) Fobro-Mobil公司研制的消毒机　　(c) Egedal公司研制的消毒机

图 3-5　牵引式蒸汽消毒装置

尽管目前国外牵引式土壤蒸汽消毒设备种类繁多、功能成熟，但高昂的采购成本和维护费用限制了其在国内中小型农业主体中的推广。因此，近年来我国部分农业装备企业和科研机构也在积极推进国产化设备研发，试图结合本地农艺需求与经济承受能力开发出更符合实际的产品。例如，喻自荣等根据温室育苗基质槽的特点，采用旋耕机的工作原理设计了一种小型桁架式温室育苗槽基质蒸汽消毒机。该设备主要由驱动刀轴齿轮、机架、驱动电动机齿轮、驱动电动机、行走轮、行走车轮轴、进气管、抛土刀片、喷气管、罩壳、限位轮、竖直移动活塞、抛土刀轴、水平移动活塞、水平气压缸、移动框架、刀轴支撑梁、竖直气压缸等部件组成，通过喷气管将高温蒸汽输送进罩壳内，同时抛土刀片在罩壳内高速旋转，完成消毒、杀菌过程。施印炎等设计了一种可移动式土壤蒸汽消毒机，主要由蒸汽生成系统、输送系统、控制系统、末端执行机构和行走系统等组成。其所用锅炉功率为150kW，蒸汽发生量12.8kg/h，整机重量800kg，工作效率2.65m^3/h。该设备通过末端执行机构传递高温蒸汽对土壤进行消毒，可以满足多种形式的蒸汽消毒，提高消毒效率，改善作物质量安全，通用性强、节能环保。汪小旵等设计了一种可在旋耕作业的同时进行土壤蒸汽消毒的机具。该机具主要由旋耕装置、蒸汽发生器、补水装置、蒸汽输送系统、消毒罩、可拆卸消毒毛管等组成，如图 3-6 所示。通过热量平衡分析得出，在土壤宽 120cm、深 15cm 时，土壤消毒到 60℃所需的蒸汽功率为 87.78kW，而当土壤蒸汽消毒机蒸汽发生器出口压强为 0.6MPa，温度为 158.86℃时，能提供的蒸汽功率为 97.35kW，系统损耗为 0.61kW，可满足土壤消毒的热量需求。田间试验表明，当蒸汽发生器出口压强为 0.6MPa，温度为 158.86℃，机具旋耕行走速度为 0.035m/s，消毒毛管管径为 15mm，间距为 180mm 时，15cm 深处土壤消毒后温度在 58.9 ～ 70.6℃之间，可满足土壤旋耕消毒的温度要求。

图 3-6　移动式旋耕蒸汽消毒机图

综上所述，牵引式土壤蒸汽消毒设备作为一种高效、绿色、灵活的土壤病虫害防控机械，已逐步在农业生产实践中发挥出显著效能。其通过蒸汽与机械联合作业方式，在保证灭菌消毒效果的同时，大幅降低了劳动强度与作业时间，是设施农业与规模种植向现代化、精准化迈进的重要技术手段。随着技术的不断进步和国产替代设备的逐步成熟，牵引式蒸汽消毒装备将在我国农业绿色发展中发挥更加重要的作用。

（3）自走式蒸汽消毒装置　在现代设施农业不断向高效、智能与绿色方向发展的背景下，自走式土壤蒸汽消毒装备作为蒸汽消毒技术中的高端应用形态，逐渐成为大规模作业、精细化病虫害防控的重要机械手段。与固定式和牵引式设备相比，自走式蒸汽消毒机具有自主移动、作业自动化程度高、复杂地形适应性强等突出优势，尤其适用于设施农业、温室大棚和苗床消毒等对作业精度和效率要求较高的环境。

目前，多个国家和地区的农业装备企业已开发出多种类型的自走式蒸汽消毒机，并广泛用于温室蔬菜、草莓、苗木育苗及有机农业领域。

由意大利 Celli 公司开发的 ECOSTAR SC600 型自走式土壤蒸汽消毒机是目前国际上应用较为广泛的一种中大型蒸汽消毒设备，其外观如图 3-7 所示。该机采用橡胶履带式底盘结构，具备良好的越障与防滑能力，适合多种类型土壤及坡地作业。其刀片式消毒结构可在前进过程中对土壤进行翻耕、划裂，有助于高温蒸汽深入渗透至土壤根际层。其创新设计的 Bioflash 系统可以在进行蒸汽消毒作业的同时释放氢氧化钾、氧化钙等无机物，通过这些无机物与土壤的化学反应来提高消毒作业温度，保证消毒效果。根据 Morra 等开展的实地消毒试验，使用该设备在设施蔬菜基质上连续作业 1h 后，基质 15cm 深处的温度可稳定在 50 ～ 70℃之间，能够有效杀灭大丽轮枝菌等顽固真菌，为高附加值作物创造了健康的生长环境。

由瑞士的 Gay 等设计，搭载在 Ferrari 公司生产的 Sterilter 履带车上的 Sterilter S 系列自走式土壤蒸汽消毒机是另一款技术先进、作业规模大的消毒机型，见图 3-8。该设备的最大亮点在于模块化多点注汽设计，其最多可同时装载 3 组独立消毒单元，总作业宽度达 7.8m。每组消毒单元由 11 × 9 个不锈钢注汽针构成，单根注汽针长 18cm，每根注汽针开有 4 个直径为 4mm 的蒸汽喷孔。注汽针结构紧凑、排列密集，可确保蒸汽均匀覆盖目标区域，并高效传导热能。单个消毒单元尺寸为 2.0m × 2.5m，可在保证宽幅作业的同时兼顾地面压力分布和机体稳定性。实地试验结果显示，启动后仅 15min，土壤 12cm 深处即可达到 70℃

图 3-7　ECOSTAR SC600 型自走式土壤蒸汽消毒机

以上的消毒温度，土壤受热均匀，可有效控制包括枯萎病、根腐病在内的多种土传病害，为连作地块提供了良好的再生基础。

图 3-8　Sterilter S 系列自走式土壤蒸汽消毒机

丹麦 Egedal 公司推出的 Egedal 900 型自走式土壤蒸汽消毒设备（图 3-9）代表了北欧国家蒸汽设备的机械化水平。该机采用 15kW 柴油发动机驱动系统，并配备 3 个独立旋转式消毒盘，可根据土壤条件调整消毒深度和行进速度。该设备的最大水载重为 2200L，行进速度约为 1m/min，作业深度控制在 5 ～ 8cm，适用于苗床、栽培槽等浅层根区的高效消毒。其蒸汽温度可维持在 70 ～ 75℃之间，保证在标准杀菌温度区间内连续运行。尽管该设备燃油消耗量较高，但作业效率达到了 200m²/h，适合大面积、连续化生产需求。

德国 Stegemeier Horticulture 公司研发的液压注汽式自走蒸汽设备（图 3-10）采用传统轮式底盘结构，配备有 3 组液压升降式消毒针盘。该结构可根据地形起伏调整注汽深度，同时避免不必要的蒸汽浪费。实测数据显示，该设备作业

6min 后，5cm 深处土壤即可达到设定温度（70℃以上），具备显著的快速加热与精准控制能力。其最大作业效率可达 0.5hm²/12h，适用于果园、苗圃、蔬菜基地等中等规模作业场景。

图 3-9　Egedal 900 型自走式土壤蒸汽消毒机

图 3-10　Stegemeier Horticulture 公司的自走式土壤蒸汽消毒机

在国内，自走式蒸汽消毒设备的本土化研发也取得了一定进展。朱加繁等研究人员在蒸汽物理杀菌原理的基础上，研制了一种适用于温室育苗基质的自走式基质蒸汽消毒机（图 3-11）。该装置创新性地将高温蒸汽消毒与抛土翻耕合并成了一体，通过抛土刀片将基质翻起后在空中注汽，实现瞬时灭菌处理。其底部还设置了保温层结构，以保证基质在接触蒸汽后的热量不易流失，延长消毒时间，提高灭菌效率。此外，该研究采用正交试验的方法对注汽温度、时间、刀片角度等参数进行了优化，得出了最优作业方案。但尚未对消毒前后基质中的微生物群落数量与种类变化进行深入跟踪，后续研究仍需完善评价体系，以确保技术的科学性与可推广性。

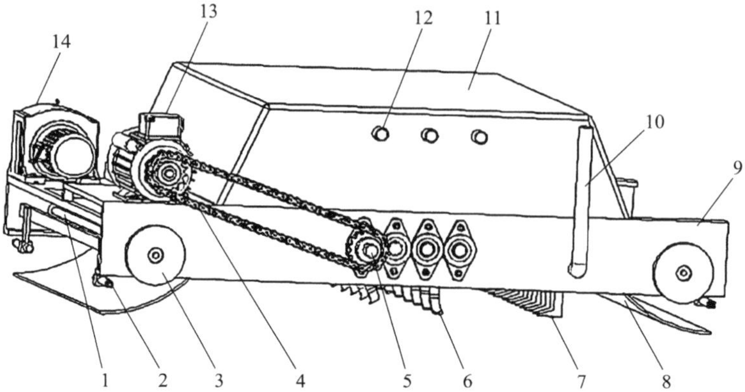

图 3-11　自走式育苗基质蒸汽消毒机

1—行走轮轴；2—限位轮；3—行走轮；4—链条；5—刀轴；6—刀片；7—喷气管；
8—挡板；9—机架；10—进气管；11—罩壳；12—进气管；13—刀轴驱动电动机；14—行走驱动电动机

综上所述，自走式土壤蒸汽消毒设备作为农业高温物理防控体系中的重要组成部分，凭借自动化程度高、作业效率强、适应性广的特点，正逐步在全球范围内推广应用。未来，随着智能感知、路径规划与节能控制技术的发展，自走式设备有望向着无人化、精准化与多功能集成方向迈进，助力农业向高质量、绿色生产持续转型。

3.3　典型装置结构及运行参数

3.3.1　典型蒸汽发生装置

在现代土壤蒸汽消毒技术体系中，蒸汽发生器作为核心热源装置，其结构与运行性能直接决定系统的效率、安全性和作业适用性。自 20 世纪 30 年代以来，多国企业在该领域持续探索，推出了一系列具有代表性的高性能蒸汽发生系统。本节将对几类具有典型代表性的蒸汽发生器进行介绍，涵盖其基本结构、关键参数、能源利用特性以及适用场景等。

1939 年，美国 SIOUX 公司就开始研究蒸汽发生装置，目前较为成熟的产品为 Steam-Flo 系列，如图 3-12 所示。该设备以燃油、液化石油气、天然气为燃料，冷机启动到产生蒸汽只需 20min，热效率最高达 84%，产品参数如表 3-1 所示。SIOUX 公司的 Steam-Flo 系列机型确立了蒸汽消毒热源的技术标杆。

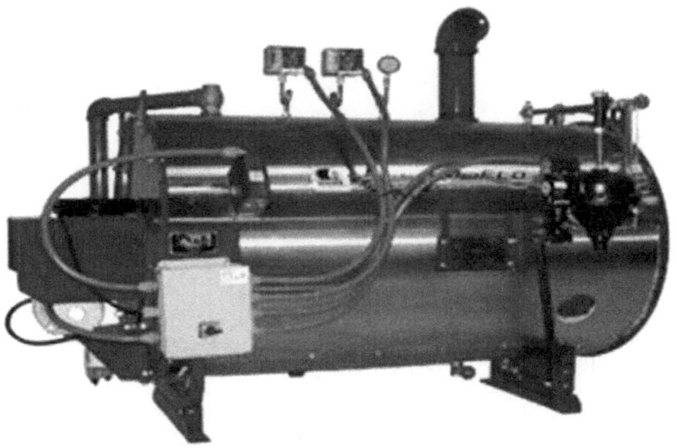

图 3-12 Steam-Flo 系列蒸汽发生装置

表3-1 Steam-Flo系列蒸汽发生装置参数

参数	SF-11	SF-20	SF-25
燃料类型	燃油、液化石油气、天然气	燃油	液化石油气、天然气
功率 /kW	125.1	231.8	295.9
蒸汽产量 /（kg/h）	167.8	308.2	383.0
燃料（燃油）消耗 /（L/h）	11.6	21.4	—
尺寸（长 × 宽 × 高）/m × m × m	1.5 × 1.0 × 1.3	1.8 × 1.3 × 1.5	2.2 × 1.3 × 1.5
空载重量 /kg	407.9	543.8	543.8

德国 MSD 公司生产的燃油式蒸汽发生装置如图 3-13 所示，热效率最高可达 96%，具有 MS-100、MS-200 等多种型号，参数如表 3-2 所示，能满足不同蒸汽输出要求，蒸汽产量最高可达 2000kg/h。MSD 公司的九款蒸汽发生器可覆盖全场景消毒需求。

图 3-13 MSD 公司的蒸汽发生装置

表3-2　MSD 公司的蒸汽发生装置参数

型号	蒸汽产量 /（kg/h）	燃油消耗 /（L/h）	尺寸（长 × 宽 × 高）/m × m × m	空载重量 /kg	功率 /kW	最大消毒效率 /（m^2/h）
MS-100	100	8.5	2.2 × 1.0 × 1.65	600	74	11
MS-200	250	20	2.6 × 1.1 × 2.0	900	185	20
S-250	300	21	13.0 × 12 × 1.8	1200	220	30
S-350	400	31	3.1 × 1.2 × 2.0	1460	290	40
S-500	550	42	3.7 × 1.4 × 2.2	1780	410	50
S-750	800	64	4.1 × 1.5 × 2.5	2300	580	80
S-950	1000	79	4.5 × 1.7 × 2.6	2750	740	100
S-1350	1350	116	5.0 × 1.8 × 2.7	3580	1030	130
S-2000	2000	174	5.7 × 2.1 × 3.0	4200	1500	200

施印炎等设计了一种便携式自动控制蒸汽发生器，如图 3-14 所示。该机主要由蒸汽生成系统、输送系统、控制系统、末端执行机构和行走系统等关键部件构成，包括平置式（卧式）锅炉、水冷型烟气转换室、蒸汽室和汽包等，利用可置换的过热器产生蒸汽，根据不同需要可选择不同的末端执行结构对土壤进行高温消毒。

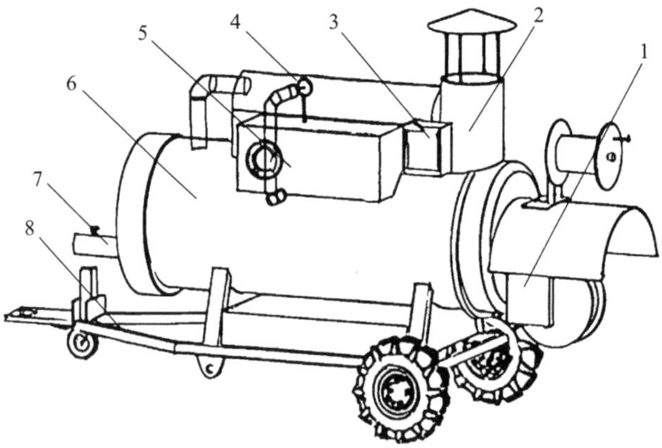

图 3-14　土壤蒸汽消毒机结构图

1—辅助装备；2—散热装置；3—控制面板；
4—压力表；5—控制箱；6—蒸汽发生器；7—蒸汽输出管道；8—行走系统

该消毒机以柴油作为主要燃料，主要用于设施农业，蒸汽温度在 100 ～ 200℃可调，能有效解决土传病害及重茬问题。其主要技术参数如表 3-3 所示。

表3-3　蒸汽消毒机主要技术参数

参数	数值
蒸汽发生量 /（kg/h）	12.8
单位能源产生蒸汽量 /（kg/m^3）	95
耗水量 /（kg/h）	300
锅炉功率 /kW	150
锅炉容重 /kg	500
整机重量 /kg	800
蒸汽温度 /℃	100 ～ 200
工作效率 /（m^3/h）	2.65

其主要工作过程如下：蒸汽消毒机置于室外对参数进行设定，避免对作物的污染和伤害；电子控制系统根据所需的目标消毒面积和消毒深度自动完成蒸汽量的控制，以保证实现全自动的连续蒸汽供应；当传感器反馈值达到指定的要求时，消毒机会自动停止工作；安装有一套安全保护装置，配置了可视性功能指示和可听性警报信号，当工作过程遇到各种意外报警时，消毒机会自动停止；根据末端执行机构的形式，可进行地表覆膜蒸汽消毒法（汤姆斯法）、地下埋管蒸汽消毒法、负压抽气蒸汽消毒法等蒸汽消毒方式，通用性强。完成一个地块后，该设备可以通过行走机构移动到下一个地块，每个地块停留的时间越长，消毒的深度越深（具体的深度由用户根据土传病害的内容而定），可移动性高，简单便捷。

根据蒸汽发生装置的结构及功能要求，针对现有蒸汽发生装置结构复杂、体积庞大、热效率低等问题，设计了基于脉动燃烧技术的蒸汽发生装置（图 3-15）。该蒸汽发生装置采用卧式结构，重心低，方便移动，不易倾倒。它主要有两大组成部分，分别是脉动燃烧器和筒体组件。

在脉动燃烧器工作过程中，燃烧室尾部及尾管头部的温度高于其他组成部件，因此处于燃烧室尾部及尾管头部的水域热传递过程较为剧烈，温升过程也较快，该区域的水温率先达到沸点，产生蒸汽。将汽包放置在此区域之上的筒体上有利于快速收集、保存蒸汽，在进行消毒作业时，又有利于蒸汽的顺利释放与排出。该蒸汽发生装置的运行参数如表 3-4 所示。由表 3-4 可以看出，在额定出力和非额定出力条件下该装置都具有较高的热效率。

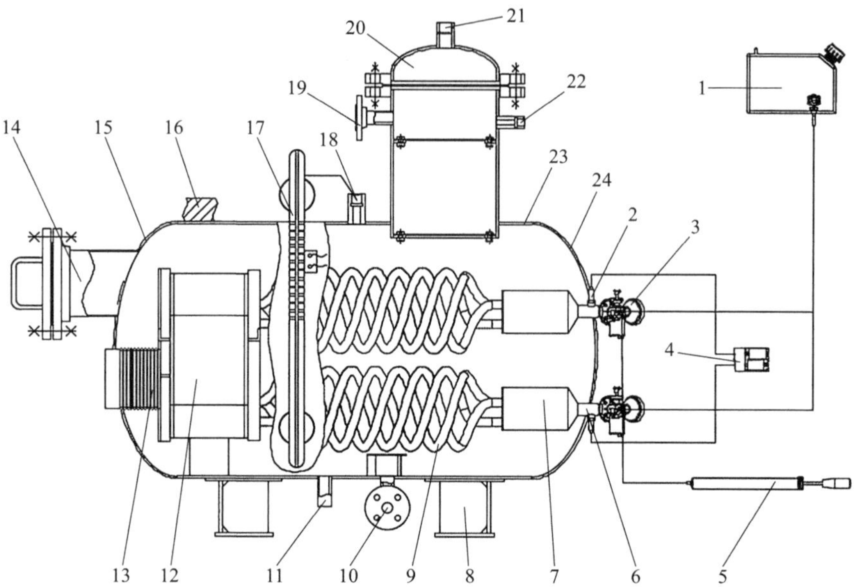

图 3-15 基于脉动燃烧技术的蒸汽发生装置结构图

1—油箱；2—火花塞；3—化油器；4—高压发生器；5—打气筒；
6—喉管；7—燃烧室；8—底座；9—尾管；10—进水孔；11—排水孔；
12—去耦室；13—波纹管；14—手孔；15—左封头；16—保温层；17—水位计；
18—温度表孔；19—蒸汽出孔；20—汽包；21—安全阀孔；22—压力表孔；23—筒体；24—右封头

表3-4 基于脉动燃烧技术的蒸汽发生装置运行参数

运行参数	额定出力	非额定出力
蒸汽产量 /（kg/h）	150	152
燃油消耗量 /（kg/h）	9.7	9.8
蒸汽压力 /MPa	0.60	0.59
给水温度 /℃	21	20
饱和蒸汽湿度 /%	3	3
锅水取样量 /（kg/h）	0.5	0.5
尾气温度 /℃	108	102
尾气过量空气系数	1.026	1.037
功率 /kW	110.8	112.3
热效率 /%	95.5	95.8

综上所述，从美、德等国成熟商用产品到国产化便携式系统，蒸汽发生器技术正朝着多燃料适配、高效能利用、小型化集成和智能控制方向发展。其在土壤高温

灭菌中的应用价值不仅体现在热能输出，更在于运行稳定性、适应性与环保水平。

3.3.2 典型蒸汽消毒装置

蒸汽消毒的最终目标是通过高温蒸汽作用于耕层土壤，实现对病原微生物、虫卵、线虫和杂草种子的灭杀。实现这一目标不仅需要稳定可靠的蒸汽源，还依赖高效的末端执行装置将蒸汽精确注入目标土层，保证温度穿透深度、分布均匀性及作业效率。本节将介绍几种在实际应用中具有代表性的蒸汽消毒装备，涵盖了不同国家制造商开发的典型机型。

Sterilter S 系列自走式消毒机可实现梯度覆盖，具体参数见表 3-5。

表3-5 Sterilter S 系列土壤蒸汽消毒机具体尺寸参数

参数	Sterilter S-500	Sterilter S-750	Sterilter S-950
最大工作效率 /（m^2/h）	150	225	285
燃油消耗 /（kg/h）	36	55	58
水量消耗 /（kg/h）	500	800	1000
空载重量 /kg	6500	7300	10000
满载重量 /kg	8300	9500	12500
整机收起长度 /m	5	5.4	6.5
整机展开长度 /m	6.5	6.9	7.5
整机收起宽度 /m	3	3.3	3.5
整机展开宽度 /m	7.8	7.8	7.8
整机高度 /m	2.6	2.6	2.6

Simon-Steam'R 是法国 Simon 公司研发并投入使用的一款高效、环保型低压蒸汽土壤消毒设备（图 3-16）。该装置以液化石油气为燃料，利用 160 ～ 185℃的低压高温蒸汽对苗床、园艺土壤及堆肥等进行深层热处理，可有效实现除草、灭菌和促进作物生长等目标。其具体参数如表 3-6 所示。该系统采用了金属框架与塑料薄膜联合覆盖技术提升蒸汽封闭效果与穿透深度，可灵活适应 10 ～ 25cm 范围的土壤处理需求。其处理过程不依赖任何化学药剂，能够实现接近 100% 物理除草和 90% 以上的杀菌率，在无公害种植、育苗体系及有机农业领域具有显著优势。

该设备操作简单、自动化程度高，适用于苗圃、温室、果蔬基地等高标准农业生产区域。其特有的高温低压技术使蒸汽穿透性较强，消毒后能显著提高土壤温度与矿物质可释放性，改善土壤结构，促进作物早生快发。但它也存在处理时间偏长、对燃料依赖性强等局限性。

图 3-16　Simon-Steam'R 蒸汽土壤消毒装置

表3-6　Simon-Steam'R 土壤蒸汽消毒机具体参数

参数	数值或说明
蒸汽温度	160 ～ 185℃（低压蒸汽）
处理深度	10 ～ 25cm
燃料消耗	$0.45L/m^2$
土壤温度范围	70 ～ 90℃
处理速度	$50kg/(m^2 \cdot h)$
杀菌率	>90%
除草效果	100%
燃料类型	液化石油气
适用范围	苗床、园艺土壤、堆肥等

ECOSTAR SC 600 是意大利著名农业装备制造商 Celli 公司研制的一款集物理高温灭菌与化学放热加热于一体的高效自走式土壤蒸汽消毒机（图 3-17）。该

图 3-17　ECOSTAR SC 600 蒸汽土壤消毒装置

设备专为温室、塑料大棚等设施农业环境下的深层次土壤消毒作业设计，采用了“蒸汽 + 无机化学放热剂（CaO/KOH）”协同消毒技术，可显著提升蒸汽穿透能力和土壤加热效率。其具体参数如表 3-7 所示。

表3-7　ECOSTAR SC 600土壤蒸汽消毒机具体参数

参数	数值或说明
消毒方法	蒸汽灭菌 + 化学放热（CaO/KOH）
工作宽度	1.6m
蒸汽流量	600kg/h
蒸汽压力	0.8MPa
蒸汽注入深度	50 ～ 200mm
土壤温度范围	50 ～ 93℃
杀虫灭菌率	平均 82.9%
燃料消耗	2288kg/ha
配套动力	44kW
作业速度	60 ～ 6000m/h
作业效率	52.5h/ha
燃料类型	柴油

此外，该设备可通过添加氧化钙或氢氧化钾等化学放热剂，在蒸汽加热的基础上增强局部热反应，特别适合用于处理重茬地、土层较厚或深层病原物密集的地块。尽管存在对化学添加剂具有依赖性及燃料碳排放大等不足，但凭借出色的热力协同效率与调节灵活性，在现代农业设施中 ECOSTAR SC 600 仍被广泛应用，是大规模、绿色、高效消毒处理的理想选择。

潘四普设计的土壤蒸汽消毒机（图 3-18）由蒸汽发生装置、挂接机构、蒸汽

图 3-18　土壤蒸汽消毒机

盘、行走机构 4 部分组成，其中蒸汽发生装置、挂接机构、蒸汽盘统称为土壤蒸汽消毒装置。该设备创新性地采用了脉动燃烧器作为蒸汽发生装置热源，多组、并联脉动燃烧器协同供热，以履带底盘提供行走动力，以罩盖式蒸汽盘为消毒机构。其具体参数如表 3-8 所示。

表3-8　土壤蒸汽消毒机具体参数

参数类别	参数值
单次通蒸汽时间 /min	3.0
设备移位时间 /min	0.5
单次作业总耗时 /min	3.5
每小时作业次数 /（次 /h）	17
单次处理土壤体积 /（m^3/ 次）	0.36
小时生产率 /（m^3/h）	6.17
单次作业燃油消耗 /（L/ 次）	0.82
小时燃油消耗量 /（L/h）	13.94
燃油密度 /（kg/m^3）	725
单位能耗 /（kg/m^3）	0.096

综上，典型蒸汽消毒设备呈现出多样化结构与工艺路径：Sterilter S 系列强调宽幅与深度精准控制，Simon Steam'R 系列突出低压蒸汽的环保性与经济性，而 ECOSTAR SC 600 则通过化学放热增强热穿透能力，实现了高效、绿色、深层次的协同灭菌。各类设备在蒸汽消毒作业中适应不同作物类型与地块条件，为建设绿色农业提供了多样化、技术成熟的解决方案。

3.4　应用案例分析

3.4.1　Sterilter 自走式蒸汽消毒机

（1）应用背景　随着甲基溴等高效化学熏蒸剂全面禁用，以及多种土传病害对农作物持续种植造成严重影响，园艺生产领域急需一种绿色、高效、可持续的土壤消毒替代技术。传统化学方法虽效果显著，但长期使用会造成环境污染、抗药性、作物药害及残留风险等问题，逐步受到国际法规的严格限制。相比之下，蒸汽消毒技术因无毒残留、广谱杀菌、对环境友好等特点再次获得研究和实际生产重视。

早期的蒸汽处理方式如地膜覆盖蒸汽注入和蒸汽犁法，在操作效率、能耗、蒸汽均匀性及作业深度方面存在诸多限制。为克服这些技术瓶颈，Gay 等学者团队提出了一种全新的“注射器 + 金属罩”组合型蒸汽土壤消毒技术结构。该系统旨在优化蒸汽分布效率，实现更深层、更持久且能耗更低的土壤热处理过程，并通过机械化手段提升大面积消毒操作的可行性和经济性。

（2）装置结构设计　该系统以 Sterilter 自走式履带底盘为基础平台，搭载了专用蒸汽分布装置和蒸汽发生系统，整机设计高度集成化（图 3-19）。其技术亮点在于“下部蒸汽注入 + 顶部封闭罩”联合热处理结构。

① 蒸汽发生器。采用超热蒸汽技术，工作压力 50kPa，流量 500kg/h，确保高温蒸汽稳定输出（避免了传统锅炉爆炸风险）。

图 3-19　Sterilter 自走式蒸汽消毒机

② 注射器系统。蒸汽注入部分由 99 个喷汽注射器组成，按 11 × 9 的阵列安装在 2.0m × 2.5m 的不锈钢罩体下方，每个注射器配置 4 个直径 4mm 的喷口，呈“+”与“×”形交错布置，埋设于地表以下 18cm 处。该设计可确保蒸汽在土壤中三维均匀分布，最大限度提升热渗透效果。

③ 金属罩体结构。尺寸 2m × 2.5m，边缘埋入土壤 3 ～ 4cm，防止蒸汽泄漏并回收注射器逸散蒸汽。注射器与铁罩耦合设计，实现了蒸汽从表层到底层（16cm）同步加热，解决了传统方法（如单一罩式或注射式）的热梯度问题。

④ 移动平台与自动控制系统。底盘由 75kW 的发动机驱动，配备有激光导航与限位传感器，以实现高精度路径控制。蒸汽发生器通过燃油锅炉工作，输出流量为 500kg/h，蒸汽温度在饱和状态下保持稳定。

（3）性能验证结果　实验在意大利两处田间基地展开，分别种植番茄（Site

1）与生菜（Site 2）。测试重点聚焦在蒸汽加热效率、病害控制能力、杂草抑制效果及作物产量反应。

① 温度传导与土层均热性。结果表明，该结构的热流核心集中在植物根系分布层。除表层受环境温度影响降温快外，中深层温度维持时间可达 2h，显著优于传统蒸汽犁或地膜法。

② 杂草与病害控制效果。杂草密度（收获期）：Site 1 处理组 <50 株 /m²；Site 2 处理组几乎无杂草萌发。枯萎病抑制率：8min 达 91%，10min 完全控制（100%）。枯萎病人工接种孢子杀灭率：8 ～ 10min 处理均 >98%。处理时间越长，杀菌深度与广度越大，推荐以 8min 为最佳处理时长。

（4）经济效益分析　注射器深层加热（目标深度 16cm）减少了单位体积蒸汽需求，处理 8min 油耗仅 0.96L/m²。8min 处理可实现 70℃均匀加热（深度 16cm），灭活率 >90%（传统罩式需 15min）。

开发的刺罩式样机与板式和罩式相比，单位面积的燃料分别节省约 66% 和 18%。刺罩式可以加热更深的土壤，因此针对土壤的体积，相比板式和罩式，燃料分别节省约 70% 和 44%。

Sterilter 高效蒸汽消毒系统通过精密注汽结构、自动化控制平台与能效优化机制，成功实现了绿色、高效、可持续的土壤热力灭杀策略，为未来设施农业和有机生产提供了切实可行的替代方案。其经济性、生态性和操作性优势显著，值得在全球范围内推广与应用。随着配套能源（如太阳能蓄热、水汽回收系统等）的不断成熟，该类装置将在农业清洁生产体系中扮演越来越关键的角色。

3.4.2 ECOSTAR SC 600 自走式蒸汽消毒机

（1）应用背景　土传病害、杂草种子与线虫等地下生物因难以控制而长期困扰现代设施农业系统。在农业集约化与绿色无公害生产模式并行发展的背景下，寻找高效、环保的土壤消毒方法显得尤为紧迫。传统的土壤熏蒸技术（如溴甲烷），尽管杀灭效率高，但由于臭氧消耗效应，自 2005 年起已被《蒙特利尔议定书》明令禁止在发达国家使用，发展中国家也在 2015 年前逐步淘汰。因此，全球范围内掀起了替代性土壤消毒技术的研发浪潮。

在众多替代方案中，蒸汽灭杀技术由于高温、无残留、物理杀灭原理而备受关注。然而，传统蒸汽消毒系统普遍存在加热缓慢、蒸汽穿透性差、作业效率低以及能源消耗大的问题。为克服这些技术瓶颈，意大利比萨大学机械农学与作物管理研究所与 Celli 公司合作研发出一款结合蒸汽热量与化学放热反应的高效自走式消毒机 ECOSTAR SC 600，试图实现深层消毒、高效灭杀与绿色环保的有机结合。

（2）装置结构　ECOSTAR SC 600 是由意大利 Celli 公司与比萨大学机械农学与作物管理研究所联合研发的一款专为设施农业（如温室与塑料大棚）设计的自走式土壤蒸汽消毒装备（图 3-20）。其创新之处在于将高温蒸汽消毒与化学放热反应集成在同一作业流程中，通过“物理 + 化学”协同杀灭病原菌、虫卵和杂草种子，大大提升了灭杀效率和土壤深层处理能力。整个装置采用模块化设计，由多个关键部件构成，各功能部件高度集成，系统运行协调有序。

图 3-20　ECOSTAR SC 600 自走式蒸汽土壤消毒机

① 蒸汽发生系统。蒸汽发生系统是整机的“热源核心”，负责持续产生高压、高温、干燥的饱和蒸汽，用于对土壤进行快速高效的热处理。

② 蒸汽锅炉系统。本装置配备一台燃油式高效快速蒸汽发生器，其额定热功率为 1507MJ/h（约合 418kW）。该设备采用柴油作为燃料，具备燃烧效率高、升温迅速的特点，从启动至达到额定压力仅需 5 ～ 7min。在蒸汽产出方面，发生器额定蒸汽流量为 600kg/h，最高工作压力可达 1.18MPa，能够确保蒸汽在注入系统前具有较高的穿透性和热焓值。水箱系统采用 $0.6m^3$ 的不锈钢材质，并配备多级加热保护与智能补水装置，实现锅炉供水的连续性与稳定性。水路中集成了盘管预热模块，可有效提升热转换效率，降低能量损失。在安全方面，系统设有自动泄压阀、安全温控器及熄火保护装置，全面保障设备在高温高压工况下的可靠运行。

③ 放热反应系统。该系统是 ECOSTAR SC 600 的技术核心之一。其原理是在蒸汽处理土壤的同时，通过投加化学放热物质（如生石灰 CaO 或氢氧化钾 KOH）与土壤水分反应，释放额外热量，从而形成二次增温，解决蒸汽渗透力有限、热量保持不久等传统问题。装置配备一套容积为 $0.23m^3$ 的反应剂料斗，外壁采用聚氨酯保温材料防止粉末结块，内部配有螺旋推送输送器，可稳定、连

续地将 CaO 或 KOH 均匀喷洒至作业土层；通过电动计量传感器调节喷施速度，实现精准施用（剂量误差控制在 ±2.5% 以内），并可与行进速度同步联动，确保单位面积施用剂量保持一致；CaO 与 H_2O 反应生成 $Ca(OH)_2$，同时放热量高达 1162kJ/kg（KOH 也有强放热效应），该热量与蒸汽热叠加，在土壤中形成持续高温区，进一步加深灭菌层次与持久性。

④ 土壤扰动与混合装置。为确保蒸汽和放热剂与土壤充分接触，该设备设置一套由液压系统驱动的旋耕搅拌机构（采用重型刀盘式旋耕耙，宽幅为 1.6m，可调转速范围为 40 ～ 60r/min）。旋耕过程一方面可打破土壤结构，增加通汽孔隙率，另一方面可使化学放热剂与土壤充分混匀，提升蒸汽渗透深度；作业深度可调范围为 50 ～ 200mm，可根据土壤类型与病害层位灵活调节，满足不同作物需求。

⑤ 蒸汽注入模块。蒸汽注入模块负责将锅炉产生的高温蒸汽精准、均匀地送入土壤目标区域，是决定消毒效果好坏的关键环节。该模块具备以下特点：根据不同地块深度和作物需求，设置有单注入杆、双注入杆与 Carter 结构三种可互换喷头系统，如图 3-21 所示。单杆结构适合中深层（100 ～ 200mm）注入；双杆结构适合中浅层注入；Carter 结构适合表层快速预热。每个喷杆上设有多孔定向喷口（直径 2 ～ 4mm），呈螺旋式分布，可确保蒸汽 360° 全方位释放。喷汽系统与行走速度、电磁阀门联动控制，可实现定量注入、闭环调节及避免蒸汽回流。

(a) 单注入杆　　(b) 双注入杆　　(c) Carter结构

图 3-21　蒸汽注入模块

⑥ 蒸汽保温与塑料膜覆盖系统。为防止高温蒸汽逸散，提高热能利用率，该装置配备有塑料膜压布装置与框架导轨结构。膜卷安装于液压驱动卷筒上，覆盖宽度与旋耕耙宽度相匹配；使用高强耐热 PE 膜，可承受 100℃以上短时温度。在蒸汽注入后立即覆盖处理区域，形成密闭空间，降低蒸汽散逸速率，使高温在

作业带内维持更长时间，提升热杀灭效果。压膜动作与推进速度自动联动，也可根据土壤干湿度与风速调整覆盖滞后时间。

⑦ 行走系统与动力平台。该设备采用橡胶履带自走底盘，具备低压接地性，适合温室、沙性土壤及潮湿田块作业，不易陷入或造成土壤板结；整机由一台44kW 的柴油发动机驱动，支持液压泵、鼓风机、控制系统等同步运行，具备良好的高负载稳定性；最大推进速度可达 6000m/h（表 3-9），作业速度推荐为150 ～ 300m/h，适应不同处理强度要求。

表3-9 ECOSTAR SC 600自走式蒸汽消毒机数值

特征	数值	特征	数值
长度 /m	3.8	履带高度 /m	0.52
宽度 /m	1.6	驱动速度 /（m/h）	60 ～ 6000
高度 /m	1.5	料斗容积 /m^3	0.23
重量 /kg	3000	水箱容积 /m^3	0.60
工作宽度 /m	1.6	功率 /（MJ/h）	1507
最大功率 /kW	44	油耗 /（kg/h）	42
最大油耗 /（kg/h）	11	压力 /MPa	1.18
履带长度 /m	1.96	电力消耗 /kW	2.50
履带宽度 /m	0.32		

（3）性能验证结果　为评估 ECOSTAR SC 600 在不同作业条件下的热效应与能效表现，研究人员开展了四组实验。

① 放热剂类型与施用量效应。分别比较了 KOH 与 CaO 两种放热剂，在1000kg/ha 与 4000kg/ha 施用量下的热效应。结果表明，相较于单一蒸汽处理，CaO 处理（4000kg/ha）下的平均土壤温度提高了 17%，并且在 80mm 土层中温度持续超过 60℃达 50min 以上，显著优于 KOH 处理与纯蒸汽处理（最大温度仅约 46℃）。CaO 的水化反应放热值达 1162kJ/kg，为提高土壤加热效率提供了关键热源。

② 地膜覆盖效果。在 CaO 处理（2000kg/ha）的条件下，比较覆盖与非覆盖处理差异。实验发现，地膜显著提高了热能累积值，可提高热效应 30%，并延长高温持续时间。虽然地膜并未提升最高温度（均达 93℃），但对热量保持起到关键作用，使 60 ～ 80℃区间的维持时间从 20min 提高到了 65min。针对不同蒸汽注入结构对加热深度的影响，比较了三种注入结构（单杆、双杆、Carter

杆）在不同土层深度的加热效果。在 0 ～ 50mm 土层，Carter 杆表现最优，平均温度为 55℃，维持时间为 31min；在 100mm 土层，单杆效果最佳，平均温度为 58℃；在 150 ～ 200mm 土层，双杆与单杆效果相近，皆能使温度维持 60℃以上 30min。

（4）经济性能分析　在标准速度 150m/h 下，ECOSTAR SC 600 的作业效率达 190m²/h，完整处理 1hm² 地块所需的作业时间为 52.5h（表 3-10）。该机的能效达 79%，显著高于传统板盖式蒸汽系统的 50% 左右。蒸汽锅炉与整机燃油总消耗为 2288kg/hm²，远低于其他研究中提及的 Sterilter（8160kg/hm²）与 Regero（10000kg/hm²）设备。这一差异源于其连续作业模式与高效热反应系统有效降低了能耗与人力成本。

就生物控制效果而言，CaO 在高剂量下能使 12cm 深处土层于 15min 内达到灭菌阈值（>60℃）。此外，该系统在多项研究中被证实对作物无毒副作用，土壤理化性质亦无长期损害，表现出良好的生态兼容性。

表3-10　ECOSTAR SC 600蒸汽消毒机技术参数

参数类别	参数说明	数值
移动性能	驱动速度 /（m/h）	150
作业尺寸	工作深度 /m	0.2
	工作宽度 /m	1.6
时间效率	有效时间 /（h/hm²）	41.6
	额外时间 /（h/hm²）	10.9
	总作业时间 /（h/hm²）	52.5
系统能效	工作链效率 /%	79
	作业生产率 /（m²/h）	190
能源消耗	主机柴油消耗 /（kg/hm²）	450
	蒸汽锅炉消耗 /（kg/hm²）	1838
	总燃料消耗 /（kg/hm²）	2288

ECOSTAR SC 600 通过将蒸汽消毒与化学放热反应协同耦合，显著提升了土壤热处理深度与时效，成为现代设施农业中一项极具前景的消毒技术。该装置在温度分布、作业效率、能源消耗与作物兼容性方面均表现优异。由于灵活的结构设计、丰富的注入结构组合以及可调速运行方式，该装置适用于多种作物与环境条件下的病虫草害控制。

未来研究可进一步在以下方面拓展：一是推进带状消毒模式，以降低能耗；二是整合 AI 控制系统，以实现精准注入控制；三是结合生物基材料替代 CaO 或 KOH，以降低环境风险。在全球农业朝着绿色、安全、高效转型的趋势下，高温蒸汽及化学放热协同消毒技术及其衍生技术必将在有机栽培、设施农业与高附加值作物生产中发挥越来越重要的作用。

3.4.3 条带式蒸汽消毒机

（1）应用背景　在有机农业种植体系中，杂草防控因无法使用化学除草剂而成为生产过程中的重大难题，尤其是对胡萝卜等早期竞争力弱的根茎类作物而言，苗期杂草干扰会严重影响其出苗率与商品产量。传统人工除草耗时高、效率低，难以适应现代农业生产节奏。因此，本小节在胡萝卜种植季开展了一系列田间试验，探索一种新型的条带式蒸汽热处理技术在作物播种初期对杂草种子库的灭活作用，并分析其在热效率、除草效果及经济性方面的综合优势。

（2）装置结构设计　该条带状蒸汽除草设备由意大利 Celli 公司与比萨大学联合设计开发，主要由六大核心系统构成，即机架底盘、蒸汽发生系统、蒸汽注入与土壤混合系统、协同放热化合物投加系统、水与燃料供给系统以及动力与控制系统（图 3-22）。

图 3-22　条带式蒸汽消毒机侧视图

① 蒸汽发生系统。该设备采用 VAP 系列快速蒸汽发生器，额定功率高达 3265MJ/h，蒸汽输出流量可达 1200kg/h，燃料为柴油，燃油消耗量为 51.5kg/h，最大工作压力为 1.18MPa。蒸汽锅炉采用同轴双盘管结构，水在外圈预热、内圈迅速汽化，可在 3 ～ 5min 内完成加压启动。为减少预热阶段热水浪费，设计有旁路回收系统，使初始阶段的热水返回水箱实现循环加热。

② 蒸汽注入与土壤混合系统。该机采用 12 组独立蒸汽处理模块（图 3-23），整机总作业幅宽达 4.58m。

图 3-23 条带式蒸汽消毒机装置后视图

③ 协同放热化合物投加系统。为提升局部热效应，该设备设置了 CaO（生石灰）料斗（容积 $0.27m^3$）与自动计量电动机。CaO 通过四个喷口均匀撒布在蒸汽喷射带前方（图 3-24），然后与土壤和蒸汽共同反应生成氢氧化钙，放热反应 ΔH 值为 -1162kJ/kg。通过手动预设作业速度进行 CaO 计量标定，实现准确施药。

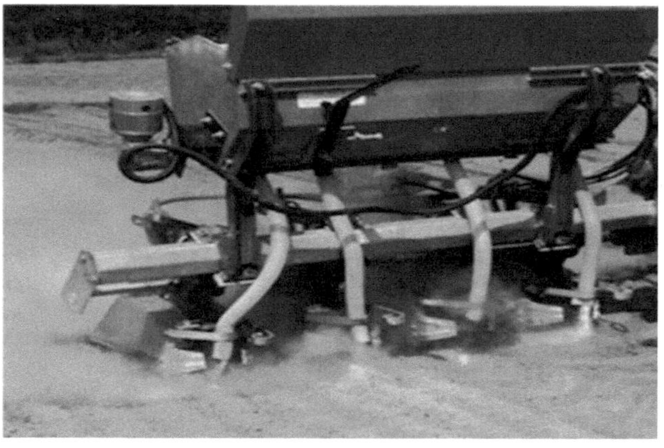

图 3-24 化合物在土壤中的分布和掺入

④ 动力与控制系统。整机通过 99kW 的四驱拖拉机牵引，PTO 为蒸汽发生器和液压泵提供动力，电动系统由独立发电机驱动，确保所有电动系统（如 CaO 输送电动机）稳定运行。

条带式蒸汽消毒机技术参数见表 3-11。

表3-11 条带式蒸汽消毒机技术参数

特性	数值	特性	数值
长度 /m	5.0	生石灰料斗容量 /m^3	0.27
最大宽度 /m	5.1	水箱容量 /m^3	1.60
高度 /m	2.7	蒸汽输出量 /（kg/h）	1200
整机重量 /kg	3000	额定功率 /（MJ/h）	3265
单条处理带宽 /m	0.18	燃油消耗量 /（kg/h）	51.5
蒸汽处理单元数量 / 个	12	最大工作压力 /MPa	1.18

（3）性能田间验证结果　试验地点为比萨大学实验农场，研究团队在有机胡萝卜种植周期内对不同蒸汽剂量的处理效果进行了全面评估。试验设置 4 种蒸汽处理剂量，即 0（对照）、1.11kg/m^2、1.59kg/m^2 和 2.78kg/m^2，并且均配合施用 CaO（4000kg/hm^2）。

① 作业性能表现。该设备在三种作业速度（200m/h、350m/h、500m/h）下分别完成作业。结果显示，在最低作业速度 200m/h 下，总作业时间为 14h/hm^2，其中有效蒸汽处理时间为 10.9h/hm^2，链式作业效率高达 78%。随着速度提高至 500m/h，总作业时间缩短至 5.8h/hm^2，作业效率提升至 0.17hm^2/h，而燃油消耗从 768kg/hm^2 降至 310kg/hm^2（表 3-12）。

表3-12 条带式蒸汽消毒机操作参数

操作特性	数值		
作业深度 /m	0.10		
作业宽度 /m	4.58		
作业速度 /（m/h）	200	350	500
作业有效速率 /（h/hm^2）	10.9	6.2	4.4
作业准备时间 /（h/hm^2）	3.1	1.7	1.4
作业总速率 /（h/hm^2）	14.0	7.9	5.8
工作效率 /%	78	78	76
工作生产率 /（ha/h）	0.07	0.13	0.17
拖拉机燃料消耗 /（kg/hm^2）	206	116	85
蒸汽锅炉消耗 /（kg/hm^2）	562	321	225
总燃料消耗 /（kg/hm^2）	768	437	310

② 温度控制能力。温度测试表明，蒸汽剂量与土壤加热深度呈显著正相关。

在传感器埋设深度为 25mm 的条件下，2.78kg/m^2 处理土壤最高可达到 63℃，为未处理土壤的 1.7 倍，并维持 50℃以上 17min，显著超越了杂草致死温度阈值（通常要求 50 ～ 60℃下维持≥ 11min）。

③ 杂草抑制效果。杂草密度控制效果最佳的 2.78kg/m^2 处理 30d 后实现了 100% 除草效果。除草时间在最高蒸汽处理剂量下减少 30%，从 47h/hm^2 下降至 33h/hm^2。杂草干物质生物量在收获期降低 81%。

④ 作物产量反应。在 2.78kg/m^2 处理下胡萝卜产量达 30.2t/hm^2，较对照组（9.62t/hm^2）提升了 215%。产量的提升主要源自处理早期（前 45d）杂草压力显著降低，提高了胡萝卜成苗率与竞争能力。

（4）经济性能评估　通过对比不同蒸汽剂量对应的产出与成本，研究团队评估了其经济边际（EM），见表 3-13。其中 1.9kg/m^2 的剂量下达到最大 EM（10 069 欧元 /hm^2），同时可实现与 2.78kg/m^2 近似的产量与除草效果。2.3kg/m^2 剂量虽能实现 90% 除草率，但 EM 略有下降（仅减少 0.9%），仍具备现实推广价值。

表3-13　条带式蒸汽消毒机经济分析

蒸汽剂量 /（kg/m^2）	经济边际 /（欧元 /hm^2）	燃油消耗 /（kg/hm^2）
0	3288	0
1.11	8283	310
1.90	10069	442
2.30	9981	442
2.78	9976	768

该条带式蒸汽除草设备验证了以目标区域为核心的“定点高效”非化学杂草控制策略的可行性，不仅在能耗和操作效率方面显著优于传统全面均匀处理方式，在杂草控制、产量提升及经济性方面也有出色表现。结合 CaO 等放热化合物的协同作用，该设备在有限剂量下仍可达到理想除草温度，增强了除草稳定性与安全性。

未来可进一步提升蒸汽发生器热效率、降低燃油消耗，并引入智能计量与自动校准系统，提高 CaO 投加精度。此外，可探索将化石燃料替换为生物柴油或氨气等更绿色的能源，以进一步减少碳排放，满足现代农业的可持续发展需求。

3.4.4　基于脉动燃烧技术的设施园艺土壤蒸汽消毒装置

（1）应用背景　根据我国日光温室结构行业标准（JB/T 10286），日光温室适宜跨度为 6 ～ 9m，具体跨度根据所处地区的纬度确定。以南京地区为例，所处跨度位于北纬 35° 以南，推荐跨度范围为 8 ～ 9m。为提高土壤蒸汽消毒机的尺寸要求，跨度选取最小值，即 8m。确定跨度为 8m 之后，标准型日光温室的推荐高度范围为 3 ～ 3.6m。同样，为提高土壤蒸汽消毒机的尺寸要求，高度选取最小值，即 3m。因此，日光温室的结构尺寸确定为高 3m，跨度 8m。为了解决现有土壤蒸汽消毒机入棚难的问题，本小节设计的土壤蒸汽消毒机高度必须小于 3m。此外，考虑到日光温室的横截面近似呈直角三角形，为保证土壤蒸汽消毒机的作业范围可以覆盖整个日光温室，将其高度要求确定为不得高于 2.2m。

（2）基于脉动燃烧技术的土壤蒸汽消毒机总体结构设计　该土壤蒸汽消毒机主要由四部分组成，分别是蒸汽发生装置、挂接机构、蒸汽盘、行走机构，其中蒸汽发生装置、挂接机构、蒸汽盘统称为土壤蒸汽消毒装置（图 3-25）。该土壤蒸汽消毒机单次消毒作业循环包括送汽、入土、通汽、保温、抬针。其具体工作过程为：蒸汽发生装置产生高温、高压蒸汽，升降机构将蒸汽盘罩盖下压，使针头全部插进待消毒土壤，随后打开蒸汽管道开关，蒸汽通过管道输送到各个针头，通过针头上的蒸汽出口进入待消毒土壤，使得待消毒土壤温度升高，从而对土壤中的各种致病细菌、微生物及杂草种子进行杀灭。通蒸汽一定时间后，待消毒土壤的温度满足消毒要求，该地块消毒作业完成，关闭蒸汽管道开关，升降机构将蒸汽盘罩盖升起，使针头离开土壤，履带底盘前进至下一待消毒地块。

(a)　(b)

图 3-25　基于脉动燃烧技术的土壤蒸汽消毒机结构图

行走机构采用南通市广益机电有限责任公司生产的 GY-8 型果园喷雾机的橡胶履带底盘，底盘宽度为 1.2m。为了保证单次消毒作业可以覆盖整个底盘宽度，将罩盖的尺寸确定为长 1.2m、宽 1.2m。在消毒作业前需要对土壤进行旋耕处理，一般旋耕深度大约为0.25m，因此该土壤蒸汽消毒机单次消毒作业可覆盖范围定为长1.2m、宽1.2m的土壤，消毒深度0.25m（表3-14）。

表3-14　基于脉动燃烧技术的土壤蒸汽消毒机主要技术参数（1）

参数	数值	参数	数值
配套动力/kW	12	热效率/%	>90
消毒深度/mm	250	蒸汽发生装置功率/kW	100
蒸汽产量/（kg/h）	140	作业方式	间歇式
行走速度/（m/s）	0～5	通蒸汽时间/min	3、6、9
单次消毒面积（长×宽）/mm×mm	1200×1200	消毒效果	20min内温度不低于80℃
高度/m	≤2.2		

（3）性能　主要技术参数如表3-15所示。

表3-15　基于脉动燃烧技术的土壤蒸汽消毒机主要技术参数（2）

时间/min	最高温度/℃	最低温度/℃	平均温度/℃
0	90.0	46.7	66.5
10	62.0	38.7	49.6
20	57.4	33.2	43.5
30	55.9	33.0	42.4
40	55.3	33.1	40.9

（4）经济分析　表3-16展示了本小节设计的土壤蒸汽消毒机与国外5种消毒机的参数比较情况。其中前3种土壤蒸汽消毒机来自意大利，后2种土壤蒸汽消毒机来自丹麦。

表3-16　土壤蒸汽消毒机主要技术参数比较

型号	国别	外形尺寸（长×宽×高）/mm×mm×mm	体积/m^3	生产率/（m^3/h）	能耗/（L/m^3）
Sterilter S-500	意大利	6500×7800×2600	131.82	15	3.31
Sterilter S-750	意大利	6900×7800×2600	139.93	22.5	3.37
Sterilter S-950	意大利	7500×7800×2600	152.1	28.5	2.81
Egedal 900	丹麦	—	—	13.00	6.00
Egedal 600	丹麦	—	—	9.36	5.34
本小节设计的装置	中国	3150×1600×2010	10.13	6.17	2.29

从表 3-16 中可以看出，国外 5 种消毒机的生产率都要高于本小节设计的消毒机。其中生产率最高的是 Sterilter S-950，为 28.5m³/h，约是本小节设计的消毒机的 4.6 倍。但是其体积也是最大的，为 152.1m³，约是本小节设计的消毒机的 15.0 倍。本小节设计的土壤蒸汽消毒机采用了脉动燃烧加热方式，区别于传统直燃加热方式产生蒸汽，因此整机体积得到大大缩减。本小节设计的消毒机体积只有 10.13m³，比 Sterilter S 系列消毒机中体积最小的 Sterilter S-500 还小约 92.3%。消毒机的体积越小，通过性就越高，当面对狭长地块或者低矮温室内土壤消毒作业时适应性也就越高。因此，与国外消毒机相比，本小节设计的消毒机可以适应更多的作业场合。在能耗方面，国外消毒机中能耗最高的是丹麦生产的 Egedal 900，每消毒 1m³ 土壤，需要消耗燃油 6.00L；能耗最低的是意大利生产的 Sterilter S-950，每消毒 1m³ 土壤，需要消耗燃油 2.81L。本小节设计的消毒机凭借脉动燃烧技术高燃烧率、高传热效率的特点，在所比较的 6 种消毒机中能耗是最低的，每消毒 1m³ 土壤，仅需要消耗燃油 2.29L，比 Sterilter S-950 的能耗还低了约 18.5%。因此，在能量利用率上，本小节设计的消毒机要强于国外消毒机。

参考文献

[1] Merfield C N, Hampton J G, Wratten S D. A direct-fired steam weeder [J]. Weed Research, 2009, 49 (6): 553-556.

[2] Fennimore S A, Goodhue R E. Soil disinfestation with steam: A review of economics, engineering, and soil pest control in california Strawberry [J]. International Journal of Fruit Science, 2016, 16 (S1): 1-13.

[3] 宋修超，罗佳，马艳，等．加热消毒设备处理西瓜重茬基质工艺优化及栽培效果 [J]．农业工程学报，2019, 35 (11): 8.

[4] 潘四普，周宏平，蒋雪松，等．基于脉动燃烧技术的土壤消毒蒸汽发生装置设计与试验 [J]．农业机械学报，2018, 49 (8): 7.

[5] Dabbene F, Gay P, Tortia C. Modelling and control of steam soil disinfestation processes [J]. Biosystems Engineering, 2003, 84 (3): 247-256.

[6] Minuto G, Gilardi G, Kejji S, et al. Effect of physical nature of soil and humidity on steam disinfestation [J]. Acta horticulturae, 2005, 698: 257-262.

[7] Gilbert C, Fennimore S, Subbarao K, et al. Systems to disinfest soil with heat for strawberry and flower production [D]. USA: University of California, 2009.

[8] 蔡开地，黄梅卿，张闽春，等．蘑菇覆土材料管道式蒸汽消毒技术研究 [J]．热带作物学报，2015, 36 (12): 4.

[9] 李宁，刘华，张辉光．混合油负压蒸发工艺探讨 [J]．中国油脂，2004, 29 (2): 4.

[10] Soil-Steaming Steam-Boilerblog. English salad farm counts on a new semiautomatic steaming system [EB/OL]. [2017-12-16].

[11] Fobro-Mobil. Mobile steam mixer [EB/OL]. [2017-12-17].

[12] Egedal. Tractor-towed stam-machine [EB/OL]. [2017-12-16].

[13] 喻自荣，张汝坤．桁架式温室育苗槽基质蒸汽消毒机设计 [J]．农机化研究，2016 (11): 5.

[14] 施印炎，李成光，汪小昷，等．可移动式土壤蒸汽消毒机的设计 [J]．中国农机化学报，2017, 38 (1): 4.

[15] 汪小昷，李成光，杨振杰，等．移动式土壤旋耕蒸汽消毒机的研制 [J]．农业工程学报，2018, 34 (2): 7.

[16] Peruzzi A, Raffaelli M, Ginanni M, et al. An innovative self-propelled machine for soil disinfection using steam

and chemicals in an exothermic reaction [J]. Biosystems Engineering, 2011, 110 (4): 434-442.
[17] Gay P, Piccarolo P, Aimonino D R, et al. A high efficiency steam soil disinfestation system, part I: Physical background and steam supply optimisation [J]. Biosystems Engineering, 2010, 107 (2): 74-85.
[18] 朱加繁，赵玉清，杨陆强，等. 三七温室育苗槽基质蒸汽消毒机的设计 [J]. 农机化研究，2017, 39 (3): 5.
[19] Anonymous. Sioux offers the Steam-Flo SF-50 [J]. Mining Engineering, 2014, 66 (4): 1.
[20] MSD. The right size for each business [EB/OL]. [2017-12-17].
[21] Gay P, Piccarolo P, Aimonino D R, et al. A high efficacy steam soil disinfestation system, part Ⅱ: Design and testing [J]. Biosystems Engineering, 2010, 107 (3): 194-201.
[22] USGR Global Resources. Self-tracking self-propelled sterilizer [EB/OL]. [2017-12-17].
[23] 辜松，王忠伟. 日本设施栽培土壤热水消毒技术的发展现状 [J]. 农业机械学报，2006 (11): 168-170, 167.

第4章

太阳能灭杀技术

太阳是一个巨大的热辐射体，其直径为 1.393×10^9m，是地球的 109 倍。太阳与地球之间的平均距离为 1.5×10^{11}m。太阳能是一种无污染的清洁能源，它的利用越来越受到世界各国的重视。我国幅员辽阔，太阳能资源十分丰富。虽然太阳发出的能量大约只有二十二亿分之一到达地球，但平均每秒钟照射到地球上的能量远远高于全球能源的总消费量。因此太阳能的合理利用将是解决世界能源问题的有效途径之一。

在农业领域，土壤健康是作物安全生产的基石。然而，土传病虫害（包括病原真菌、细菌、线虫）和杂草种子严重威胁着农业生产。现有的物理灭杀技术（如高温蒸汽、热水或电流处理）虽能有效灭活这些有害生物，但对化石能源高度依赖。随着对灭杀效果要求的不断提高，这类技术的能耗成本也水涨船高，不仅增加了农业生产成本，更与全球减碳目标和绿色农业发展理念背道而驰。而太阳能灭杀技术作为一种环境友好、经济可行的物理防治手段，日益成为土传病害防治的关键解决方案之一。该技术通过下面三种途径实现太阳能杀菌：首先，利用太阳能热力学效应使系统内部升温至 56 ～ 60℃，实现对病原体的热灭活；其次，太阳光谱中的紫外线（ultraviolet，UV）成分能直接破坏病原微生物的 DNA/RNA 结构使其失去活性；最后，光化学反应也在封闭的增温环境中协同作用，进一步强化灭杀效果。这种热力学效应、紫外线辐射及光化学反应的三重协同机制，在灭杀病原真菌、细菌、线虫及杂草种子的同时，可显著改善土壤微生态环境。选择太阳能作为土壤消毒的能量来源，最核心的驱动力是其显著的经济性（低运行成本）和卓越的环境友好性（零排放、保护土壤健康）。虽然它受天气制约且处理时间较长，但在阳光充足的地区和季节，太阳能土壤消毒提供了一种成本低廉、操作安全简便、生态可持续的有效灭杀土壤病虫草害的方法，特别适合对土壤健康有较高要求（如有机农业、生态农业）或对成本敏感的生产者。它代表了物理防控技术向更可持续方向的发展。火焰或热风和蒸汽或热水灭杀虽然起效快且不受天气限制，但其高昂的运行成本、环境负担和对土壤的破坏性，使得太阳能灭杀在许多场景下成为更具吸引力的替代方案。其核心优势在于零化学残留的人畜安全性以及操作简易的普适性，完美契合绿色农业的发展需求。本章将系统阐述太阳能灭杀技术的物理机制、技术参数优化路径（覆膜材料、湿度控制、热暴露时长）、多气候带应用模式及生态效益评估，从而为构建可持续土传病害防控体系提供理论支撑与实践指南。

4.1 太阳能灭杀的工作原理

太阳能灭杀技术（也称为土壤曝晒技术、土壤日晒技术或日光辐射处理技术）是一种高效、环保的物理防治手段，主要利用紫外线、太阳能加热以及光催化三种方式的协同作用来防治土壤中的病原菌、害虫和杂草。该技术操作简便，即选择夏季晴朗时段，在地表充分灌水后覆盖塑料薄膜，并将薄膜四周用土壤压实密封。阳光照射薄膜后，能显著提升膜下土壤温度，从而达到灭活土壤中有害生物的目的。太阳能灭杀通常在作物种植或移栽前实施，可有效清除或显著减少土壤中不耐高温的有害生物种群。该技术的关键是降低甚至破坏目标生物体的耐温性。当土壤用塑料薄膜覆盖材料包裹时，可以防止因蒸发而脱水。此外，土壤表面的水滴和水蒸气阻碍了长波射线的散逸，产生了温室效应，从而导致土壤升温更高。值得注意的是，该技术对许多有益微生物影响相对较小，且具有人畜安全、环境友好、不影响农作物正常生长等优势，甚至能提高作物产量。

（1）热力学效应（高温消毒） 这是该技术最主要的灭杀机制，塑料薄膜允许大部分短波太阳辐射（可见光、近红外）穿透，加热湿润的土壤。土壤吸收热量后，以长波红外线（热辐射）的形式向外释放能量。薄膜的关键作用在于有效阻隔这些长波红外线向外散失，形成强烈的“温室效应”，使膜下土壤温度持续显著升高（通常可达 56 ～ 60℃甚至更高）。充分灌水至关重要，这是因为水分极大地提高了土壤的热导率，使热量能快速、均匀地向下层传递；同时，水的高比热容使其能储存更多热量，维持更持久的高温状态。此外，土壤水分受热蒸发，水蒸气在薄膜内表面凝结释放大量潜热，进一步急剧提升近地表温度。这种累积的高温环境会直接破坏病原体的细胞结构（膜、蛋白质、酶），导致其生理功能紊乱、代谢停止而死亡。

（2）紫外线辐射灭菌 太阳光谱中的 UV-B 和部分 UV-A 波段具有强烈的杀菌和诱变能力，能直接破坏暴露在土壤表面或浅层病原体的 DNA 和 RNA，使其失活或死亡。紫外线对微生物的营养体、孢子、病毒颗粒以及杂草种子的胚芽均有杀伤作用。然而，紫外线在土壤中的穿透深度非常有限（通常仅几毫米到几厘米），其效果主要集中在最表层土壤。

（3）光化学反应（光催化） 在太阳光（主要是 UV-A 和部分可见光）照射下，土壤中的天然组分（如某些矿物、有机酸）或有意添加的物质可作为光催化剂。这些催化剂能产生活性极强的活性氧物质，如羟基自由基 OH、单线态氧 $^1O_2$、超氧阴离子 O_2^-。这些活性氧具有极强的氧化能力，能无差别地攻击和破坏微生物的细胞膜、蛋白质及遗传物质，实现间接的化学灭杀。光催化作用可在有光线穿透的土壤中上层发生。

4.2 太阳能灭杀的应用现状

太阳能灭杀技术的实践渊源可追溯至古印度时期的传统农业，早期农民已通过曝晒土壤控制病虫害。现代科学体系下的里程碑事件发生于1976年，以色列学者Katan及其团队首次系统验证了土壤日晒技术对番茄、茄子枯萎病及多种杂草的防治效能，标志着该技术进入标准化研究阶段。此后，全球70余个国家根据本土农业条件进行了技术适配与优化，使其逐步发展为跨气候带的普适性土壤消毒方案，尤其以意大利、美国、以色列、澳大利亚等国的研究最为活跃。

到目前为止，太阳能灭杀技术在全世界被广泛地开发研究和实际应用。在亚热带和暖温带地区将这项技术推广应用到田间，已经证明了太阳能灭杀技术对土传病害具有明显的效果。日本以暖温带地区为代表，最早将其用于连作草莓地块。1990年，大棚中该技术的应用面积已达到3247hm^2，露地生产应用面积96hm^2。在希腊，太阳能灭杀技术主要用来防治萎蔫病和根腐病。在美国的加利福尼亚州，这项技术已应用在果园中，用于控制土壤中的黄萎病菌。

在中国，利用夏季收获后深翻曝晒土壤减轻地下害虫与土传病害的经验自古有之。20世纪60～70年代，随着化学农药的推广，药剂喷淋法、毒土法及熏蒸法成为主流土壤处理手段。但这些方法主要针对虫害防治，对病原微生物控制存在局限。到90年代，石灰消毒法与药土消毒法在设施农业中兴起，用于温室及病株周边土壤处理，此类措施后被学界认定为日光辐射处理技术的雏形。杨振翠等通过温室土壤日光能高温消毒技术研究，发现日光高温消毒期间覆盖区5cm平均地温为42.1℃，20cm平均地温为39.7℃，该温度可有效杀死温室土壤中的病菌。覆盖区浅层地温高，达到了病原菌致死的温度范围，随着土壤深度增大，土壤增温作用降低，但可有效降低土壤中的病原菌活性。张利英等进行了太阳能消毒在草莓保护地的应用研究，结果表明，太阳能消毒土壤后，草莓黄萎病、枯萎病和根腐病的感病率均为零，虫害也明显降低。李英梅等研究表明，垄沟式太阳能消毒处理对土壤结构和微团聚体的影响最小，较对照降低9.5%，增产最高为87.1%。此技术可有效防治草莓土传病害以及虫草危害，使草莓增产30%左右，并提高草莓质量。利用自然太阳能对土壤进行消毒，可减少农药使用，降低成本。同时还能促进土壤中有机质的分解转化，从而提高土壤肥力水平。此法对环境安全有益，且对病虫防治具有广谱性。土壤太阳能消毒的最终优点就是提高产量和产品品质。产量提高的一个原因可能是通过土壤太阳能消毒，消灭了土壤中的一些病害。另外消毒后，土壤中的有益细菌和真菌占据了主要地位，病菌的活动更易受有益菌的抑制。固氮菌虽受到高温影响而活性下降，但消毒土壤中的固氮菌在豌豆的根中很快就会恢复活力，影响短暂。因高温使土质更为疏松，提高了土壤中植物必需营养元素的有效性，这也是增产的原因之一。因减少农药使用，所以农产品品质提高。土壤太阳能消毒最明显的缺点是需要额外的成本和时间，即需要消耗一定量的劳力，不耕种时间要有 1 ～ 3 个月。另外，也会杀死一些有益土壤生物。但如果和其他病虫防治方法有机结合，优点显而易见。特别是在大棚温室中，利用夏季高温农闲时间进行消毒是非常可行的。

利用太阳能源使土壤增温的方式主要包括覆膜式、大棚式和聚光式。直接覆膜式的效果受气候的影响较大，在一年中最热的季节里，太阳能处理 6 ～ 8 周对大多数土传病虫害均有防治效果，但温度较低时，需用 3 个月左右的时间才能达到一定的防治效果。但由于该方法操作简单、经济实用、对生态友好以及土壤中有益微生物死亡少，因此其研究和应用日益受到人们的重视。而大棚式则能够通过塑料大棚内空气层 + 地表覆膜，实现“温室效应 + 土壤导热”双重升温，达到更高的消毒温度，且保温效果更好。但其管理方式较覆膜式更为复杂，且费用更高。国内外对聚光式太阳能集热器与温室结合的研究较多。聚光装置主要分为菲涅尔透镜和槽式集热器两种。菲涅尔透镜的集热效率要稍高于槽式集热器，但对跟踪装置的依赖性相对较高。

4.3 典型装置结构及运行参数

4.3.1 覆膜式太阳能消毒系统

太阳能灭杀技术的效果受多重因素影响，主要包括吸收的太阳辐射总量、气温与土壤温度、曝晒处理持续时间、目标有害生物的热敏感性以及土壤的理化性质与生物特性。该技术的核心在于塑料薄膜覆盖，其发展与薄膜的覆盖方式、材料改进及应用优化密切相关。常见的覆膜技术包括单层膜覆盖、双层膜覆盖和黑色覆膜加热水处理。在亚热带地区应用单层膜覆盖土壤，通常足以达到消灭土传有害生物的效果。在暖温带地区，在温室中使用双层膜覆盖能防止热量、温度和挥发性气体的散失，提高温度 3 ～ 10℃，显著增强有害生物防治效果。在地中海气候区，田间应用黑色膜覆盖，同时结合热水处理土壤（在 10 ～ 20cm 的土壤中灌进 50 ～ 60℃的热水），能使土壤温度提高到 56 ～ 60℃，提高防治效果。

太阳能覆膜消毒是土壤消毒中常用的物理消毒方式，因操作方便、经济实惠，且可取得较广谱的杀菌、杀虫和抑制杂草功效，同时能促进土壤团粒结构的形成，增加土壤通透性和保水、释肥能力，因而在蔬菜种植区经常使用。具体操作土壤太阳能覆膜消毒时，首先耕翻疏松土壤，清除土壤中的大石块或大土块，把土壤耙平成苗床状。同时，要准备潮湿的消毒土壤床面，这是因为土传病害在湿热的土壤中比在干燥的土壤中更易消灭。如是干燥土壤，覆盖薄膜前必须灌溉水分至潮湿，也可铺设滴灌或其他灌水设施，使薄膜下的土壤保持充足水分。薄膜用人工或机械铺设，在其接缝处最好用胶水或加热的办法进行焊接。为获得更好的病虫防治效果，最好使用长卷薄膜。薄膜覆盖在栽培床垄起部分，并且在垄间接缝处埋于土中。薄膜漏洞处应用小块薄膜补盖。使用 60 ～ 90cm 宽的薄膜对床栽作物比较方便和经济，薄膜边缘必须埋至地面以下 13 ～ 15cm。消毒完成后，不再耕翻土壤，可在薄膜中开孔，进行播种或定植。在温室大棚内，也可不用地膜，对土壤进行耕翻灌溉后，直接进行高温闷棚。结合耕翻土壤，在耕层中掺入有机肥料或绿肥，进行高温消毒的效果更好。意大利的 Cartia 研究表明，当覆盖后的土壤温度达到 33 ～ 43℃时，就可以较好地控制许多土传病害。西班牙的 Noto 研究表明，要想达到较好的病害控制效果，土壤温度需要提高到 34 ～ 46℃。有研究指出，波动的土壤温度较恒温可能更有利于提高太阳能的消毒效果。Stapleton 等研究发现，若每天土壤消毒的温度在 44℃保持 100min，并且持续 8d，线虫数量可减少 90% 以上。另据 Seizo 的研究，在 35℃周期性加热条件下，每天受热 7h，经过 10d，种植作物的发病率显著下降，因此推荐消毒的有效热量为 40℃下 35h，35℃下 70h。在保证以上资料中数据准确的前提下，太阳能消毒对于杀死多数土壤病原菌、抑制线虫数量和钝化某些病毒是有效的，并且能有效防止土壤养分流失。受气候的影响，消毒效果试验中秋季种植的大白菜在前期生长受阻，三大病害发生轻微，处理与对照间无明显差异，这对评价太阳能消毒效果产生了一定影响。值得一提的是，处理田块上生长的 4 个大白菜品种生长势强，炭疽病发生率明显减轻，降幅达 32.3% ～ 71.1%。在北方地区，一般 6 ～ 7 月份气温最高，8 月份逐渐凉爽，考虑到这一客观因素，太阳能消毒处理的时间宜在 6 月下旬到 7 月下旬。有些资料中提到利用双层膜覆盖、单层或双层膜 + 土壤熏蒸剂（甲基溴、威百亩和棉隆）以及灌水前施用一定量的有机肥、农作物秸秆、添加剂或将待处理地块整成小垄等措施，用发酵产生的热再配合增大太阳光照射的地表面积来提高土壤温度，可达到更佳的太阳能消毒效果。

4.3.2 大棚式太阳能增温消毒系统

高温闷棚是由太阳能消毒技术迭代升级而来的综合土壤治理方案，其核心延续了太阳能加热灭菌的思路，但通过技术整合大幅提升了效率和应用深度。早期的太阳能消毒仅依赖透明薄膜覆盖和阳光直射，升温有限（40 ～ 50℃）且作用较浅；而高温闷棚通过双层覆膜（大棚膜＋地膜）密闭设计、有机物（如秸秆、粪肥）发酵辅助产热以及科学灌水控湿，可将土壤温度提升至 60 ～ 70℃并维持 20 ～ 30d，实现了对深层病原体和虫卵的更彻底灭杀。同时，高温闷棚还结合化学药剂协同（如石灰氮）和闷棚后微生物菌剂修复形成了“物理加热＋生物发酵＋化学辅助＋生态重建”的系统化模式，从单一消毒手段发展为解决连作障碍、土壤改良的综合性绿色农业技术。

目前，也有将太阳能集热管置于地下协助大棚集热蓄热的装置，如图 4-1 所示。其基础结构如图 4-2 所示。主动式太阳能增温系统包括太阳能空气集热器、聚氯乙烯（PVC）散热管、聚氨酯保温管、风机等。太阳能空气集热器置于南北走向的大棚东西两侧，面向正南，与地面约呈 50° 角放置。在塑料大棚地下 50cm 深的并联埋管横穿棚内土壤，其两端通过弯头分别连接在两根纵向主管上。主管通过引风管与太阳能空气集热器出口端相连，两根纵向主管的 4 个末端分别引出地面。其中并联埋管为 PVC 管，直径为 160mm，管间距为 50cm（管中心

图 4-1 大棚式太阳能消毒系统外景

线距离），埋设深度为 50cm（管中心与地表面距离）；主管也为 PVC 管，直径为 250mm。A、B 端口与两部风机相连；C、D 端口为可开闭风门。白天 C、D 端口关闭，A、B 端口上的风机将热空气从太阳能空气集热器抽入地下管道，热量传给地下土壤蓄积，散热后带有余热的空气从风机出口排入棚内。夜间当棚内气温较低时，C、D 端口打开，A、B 端口上的风机将棚内冷空气吸入地下，与土壤换热后，将地下土壤蓄积的热量带走，并从风机出口排入棚内，从而提高夜间的棚内气温。同时，由于土壤巨大的热容量和较小的热导率，热量从温度较高的地下土壤向上缓慢传递，从而使大棚内浅层土壤温度升高。这一迭代过程体现了从被动利用太阳能到主动优化能源效率与生态效益的技术跃迁。

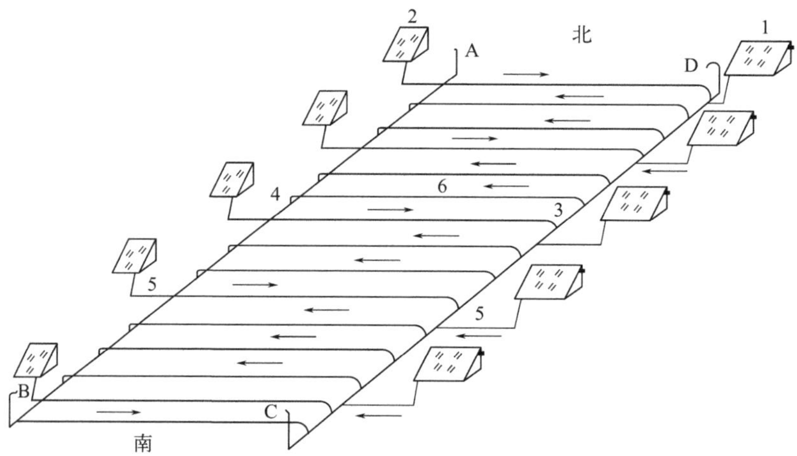

图 4-2 主动式太阳能增温系统

1，2—太阳能空气集热器；3，4—纵向主管道；
5—热空气引风管加保温管；6—并联散热埋管；A，B—风机；C，D—可开闭风门

4.3.3 聚光式太阳能热灭菌系统

（1）基于复合抛物面聚光器（compound parabolic concentrator，CPC）的太阳能消毒系统　图 4-3 是基于复合抛物面聚光器的土壤消毒原理。该系统主要由 CPC 太阳能集热系统、传热系统、土壤储热系统和设施农业四部分组成。CPC 太阳能集热器系统包含一个运行控制单元和两组槽式复合抛物面聚光器。传热系统包括传热管、绝缘材料和引风机。土壤储热系统包括种植土壤、换热管和土壤表面的覆盖物。设施农业由一个太阳能温室、其他外围结构和一个棉花卷帘组成。

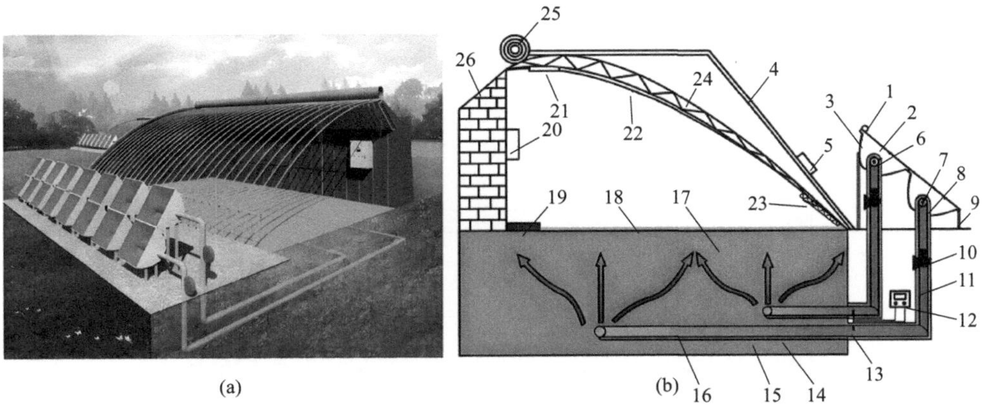

(a) (b)

图 4-3　基于复合抛物面聚光器的土壤消毒原理图

1—太阳辐照度计；2—玻璃盖板；3—CPC；4—卷帘；5—控制器；6—单层玻璃管；7—接收器；8—保温；9—支架；10—引风机；11—传热管；12—空气温度探测器；13—热电偶；14—反光膜；15—保温棉；16—换热管；17—种植土；18—地膜；19—通道；20—操作控制单元；21—通风机；22—PV膜；23—拱形梁；24—防虫网；25—棉卷帘；26—日光温室

该系统的工作原理如下：在持续阳光照射的条件下，当太阳辐照度高于 300W/m² 时启动 CPC 太阳能集热系统。如果 CPC 太阳能集热系统进出水口的温差在运行后 1min 内大于 10℃，系统将继续运行；如果低于 10℃，系统将停止运行。当空气流经 CPC 太阳能集热系统时，被加热。在引风机的驱动下，热空气流入埋在土壤中的换热管。通过对流传热和热传导，加热的空气提高了换热管周围土壤的温度。通过土壤的热传导，实现了土壤储热。与土壤进行热交换后，空气温度降低并返回 CPC 太阳能集热系统继续加热。CPC 太阳能集热系统的运行由运行控制单元自动控制，无人值守。这种设计同时提高了表层土壤和深层土壤的温度，有助于消除土壤传播的疾病，为下一轮种植做准备。经过五天的土壤消毒试验后，土壤微生物量碳和氮显著降低，这表明土壤中土传病害和害虫的数量得到有效减少。土壤温度的升高可以反映出基于 CPC 的太阳能集热系统在土壤消毒方面的积极作用。在试验结束时，地表土壤温度上升了 5.9℃，而 0.15m 和 0.3m 深处的土壤温度分别上升了 4.3℃和 4.2℃。同时，0 ～ 0.3m 深处的土壤温度在超过 65% 的试验时段内达到了 37℃，能够有效抑制土壤中病原体的活动。启动系统三天后，地表和 0.15m 深处的土壤温度分别达到了 45℃，且每天持续长达 6h，在这个温度下能够有效杀灭土壤中的病原体。同时，该系统每年还能减少约 410.82kg 二氧化碳、1.33kg 二氧化硫和 1.16kg 氮氧化物等温室气体的排放。

（2）聚光回热式太阳能土壤灭虫除菌装置　图 4-4 为聚光回热式太阳能土壤

灭虫除菌装置的结构。该系统利用太阳能聚光集热技术加热空气，进而对农业种植土壤进行高温消毒，并将其所含有机物加热挥发，实现对农业种植土壤的修复，同时处理后的热土壤对进料空气进行预热，提高了装置的热能利用效率。

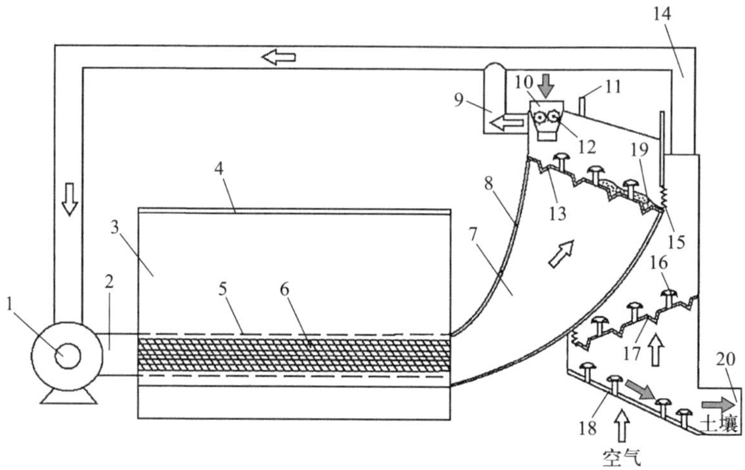

图 4-4　聚光回热式太阳能土壤灭虫除菌装置结构图

1—引风机；2—出风道；3—槽式复合多曲面太阳能聚光器；
4—玻璃盖板；5—双层玻璃真空管；6—管状黑色吸收体；7—热空气腔；
8—保温层；9—尾气回流通道；10—进料斗；11—排气管；12—碎料机；
13—第一级带褶皱的金属换热板；14—进料气体通道；15—自振弹簧；
16—蘑菇型通气道；17—第二级带褶皱的金属换热板；18—土壤滑送带；19—土壤；20—出料口

其工作原理如下：空气由引风机抽入位于槽式复合多曲面太阳能聚光器焦斑位置的双层玻璃真空管内管状黑色吸收体中，太阳光经聚光器汇集形成高密度光能，对吸收体内的流动空气进行加热；空气将在吸收体远离引风机端口处达到最高温度，然后进入带保温层的热空气腔中，加热第一级带褶皱的金属换热板上的土壤，对土壤中的致病菌、害虫和杂草种子进行高温灭杀；接着空气经蘑菇型通风道进入尾气回流通道。蘑菇型通风道可以将土壤和热空气分开流通，避免相互混合接触。处理后的土壤在重力和自振弹簧振动作用下沿换热板下滑到第二级带褶皱的金属换热板上，然后继续下滑到滑送带排出装置。从第二级带褶皱的金属换热板到离开装置的过程中，高温土壤与经蘑菇型通风道进入的新鲜空气换热，实现装置的热土壤回热功能，土壤中的有机挥发物受热汽化后从装置上方排气管排出并进行后期进一步无害化处理。在聚光比为 3.6，流动速度为 1.075m/s 时，该装置的集热效率最高（65% 左右），此时加热后空气温度最高可达 88℃，能够满足农业土壤灭虫除菌的温度需求。

（3）折射线聚光连续操作回热型太阳能土壤消毒装置　李志永等研究设计了一种折射线聚光连续操作回热型太阳能土壤消毒装置（图 4-5）。其技术方案是：从聚光器上方入射的太阳光线经聚光器和二次聚光器汇聚到加热管上；加热管在阳光的持续照射下温度升高，并加热其中的土壤；土壤从进料口进入后，在输送叶片的驱动下，往二次进料口方向运动；土壤运动过程中不断被加热管外部的太阳光及回热管内部的高温土壤加热，温度逐渐升高，到达二次进料口时温度达到最高；在土壤升温过程中，土壤中的大部分细菌、线虫、杂草种子等被杀死；土壤经过二次进料口进入回热管，并在驱动叶片作用下向出料口方向运动；在运动过程中，回热管内温度较高的土壤通过回热管壁向回热管外温度较低的土壤传热，温度逐渐降低，并在出料口流出。

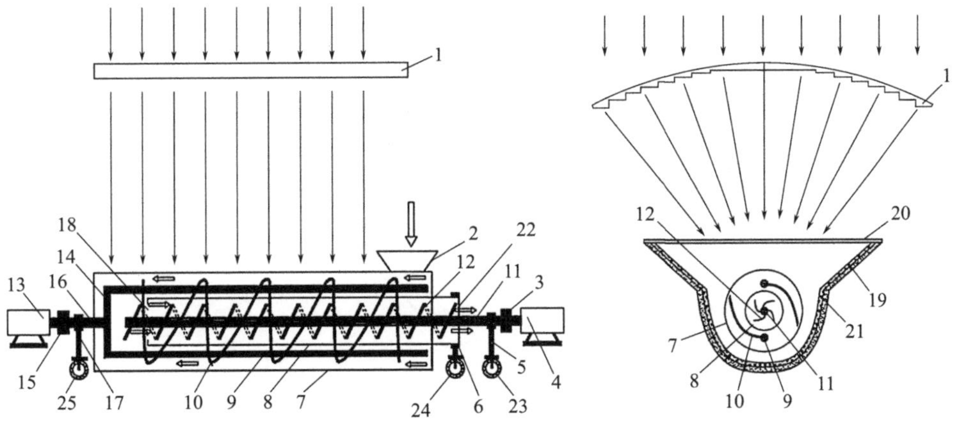

图 4-5　折射线聚光连续操作回热型太阳能土壤消毒装置

1—聚光器；2—进料口；3—第一法兰；4—第一电动机；
5—第一支架；6—第四支架；7—加热管；8—回热管；9—第二输送轴；
10—第二输送叶片；11—第一输送轴；12—第一输送叶片；13—第二电动机；
14—第二支架；15—第二法兰；16—轴；17—第三支架；18—二次进料口；19—二次聚光器；
20—透明盖板；21—保温层；22—出料口；23—第一轮子；24—第三轮子；25—第二轮子

4.4　应用案例分析

4.4.1　太阳能高温闷棚技术的应用

目前利用太阳能灭杀病虫草害最常见的技术为高温闷棚技术，如图 4-6 所示。温室连作土壤中的病虫草害作为一种障碍，会影响栽培作物的生长，高温闷棚是防效较为稳定的物理防治措施之一。一般在每年夏季 6 ～ 8 月，以塑料薄膜封闭温室，利用光热资源提高温室内温度，从而有效杀灭温室中有害病原菌及部分害虫。

李佳川利用灌水高温闷棚技术，对西瓜连作地的土壤酶活性和微生物区系变化及后茬温室中种植的牛角椒生长进行了研究。试验结果得出，灌水高温闷棚处理后，土壤微生物区系表现为细菌及放线菌含量升高，真菌含量降低。由于灌水及高温作用，微生物土壤由“真菌型”转化为“细菌型”，提高了有益菌数量，使其变为优势菌种，从而优化了植株根系微生物区系的群落结构，有效改善了土壤生态环境。灌水高温闷棚处理后，牛角椒植株在株高、茎粗、叶片生长以及果实品质等方面都优于对照。处理棚中牛角椒果实的单株果数、单果质量及果肉厚度等指标均与对照棚呈显著性差异，其中单株果数及单果质量呈现极显著差异。表明灌水高温闷棚处理提高了牛角椒果实产量，使作物产量更多，果形更大，具有更高的经济效益。袁根兰研究发现，高温闷棚结合土壤消毒可增加土壤放线菌数量，显著降低土壤真菌数量，增大细菌与真菌菌落的比值。何志刚等对玉米秸秆还田结合高温闷棚进行了尝试，结果表明湿闷可以明显增强杀菌消毒效果，添加玉米秸秆后整体效果更优。董海龙等研究发现，“秸秆 + 石灰氮 +X-20 菌肥 + 高温闷棚”综合处理具有明显的防控作用和显著的增产效果。

图 4-6　高温闷棚

4.4.2 土壤日晒法的应用

土壤作为作物生长的核心介质，其根际环境中存在着复杂的物理、化学及生物过程，栖息着包括真菌、细菌等在内的多样微生物，这些微生物的活性与土壤温度密切相关。同时，表土中的杂草种子库及土传病虫草害（如真菌、细菌、线虫等）会通过争夺资源、引发病害等方式威胁作物生长，而化学防治易破坏生态、机械防治效率低下，因此急需非化学防治手段。

土壤日晒法作为一种非化学土壤消毒技术，主要是在种植前用聚乙烯薄膜覆盖预浸泡土壤，利用夏季太阳能提高土壤温度，可有效处理土传害虫和控制杂草，在埃及、南非等多个国家已得到证实。此外，各种颜色的聚乙烯覆盖物能够显著提高对病虫草害的灭杀效果。

4.4.3 聚光太阳能土壤消毒系统的应用

虽然近些年提出了许多新的土壤太阳能消毒系统，但这些系统与蓄热系统或太阳能聚光器系统不匹配，导致能源效率低、成本高，难以在一般项目中应用。赵云生提出了一种采用工业化菲涅尔透镜的再生太阳能土壤消毒系统，可以不间断地对土壤进行消毒。为了充分利用土壤消毒过程中的能量，该系统集成了工业菲涅尔透镜聚光器作为核心热源。该系统不仅能将土壤加热至消毒所需的高温，消毒完成后还能将土壤中残留的余热回收，并用于预热后续待处理的低温土壤，从而形成循环，显著提升了整个系统的能效。蓄热式太阳能土壤消毒装置如图 4-7 所示。

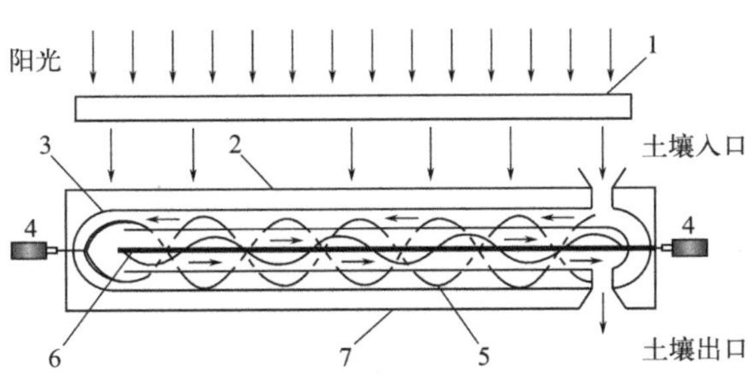

(a) 太阳能消毒装置的构造图

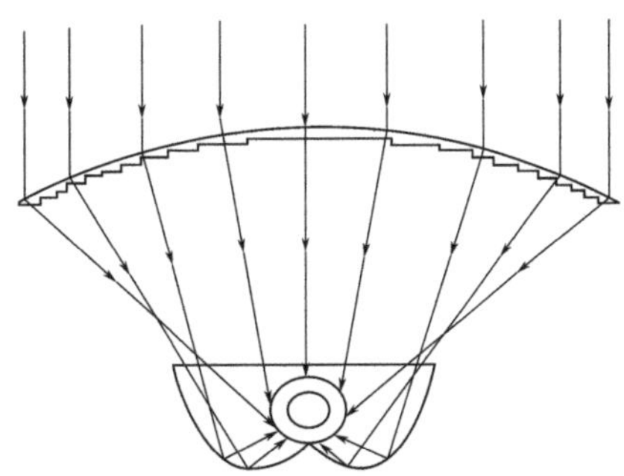

(b) 菲涅尔透镜聚光器结构

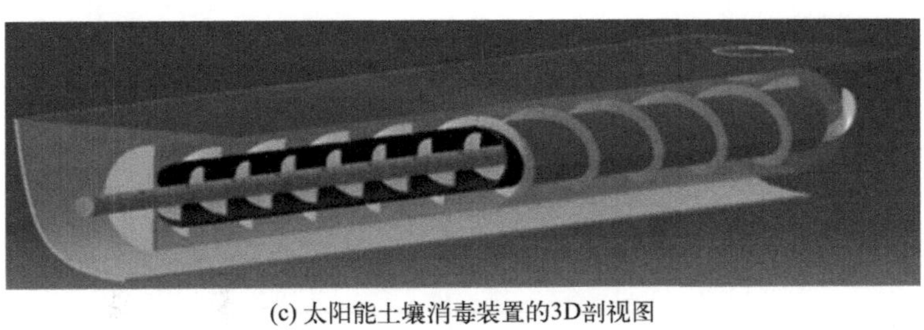

(c) 太阳能土壤消毒装置的3D剖视图

图 4-7 蓄热式太阳能土壤消毒装置

1—菲涅尔透镜聚光器；2—玻璃盖板；3—外空心圆管；
4—电动机组；5—带螺旋叶片的内空心圆管；6—带螺旋叶片的轴；7—二次反射器

该系统工作原理如下：待灭菌的土壤进入外空心管 3，由内空心管 5 上的螺旋叶片带动向左流动（管 5 由左电动机驱动）。当到达左端点时，加热至最高温度的土壤将进入内空心管 5，并由右电动机驱动的轴 6 上的螺旋叶片带动继续向右出口移动，最后从装置出土口出来。在这个过程中，要灭菌的土壤被穿过菲涅尔透镜聚光器和玻璃盖板的太阳光加热。同时，向左侧流动的土壤与管 5 中的灭菌土壤进行热交换。到达左端时，流经管 3 的土壤温度将达到最高，从而可以杀死病原菌、害虫及其卵。当轴 6 带动的灭菌土流向出口时，灭菌土中所含的废热将转移到管 3 内的土壤中，管 5 内的灭菌土温度会越来越低，直到从装置中流出。

为提高太阳能的利用效率，对菲涅尔透镜聚光器的光学特性进行了优化。工业化菲涅尔透镜聚光器装置如图 4-8 所示，呈东西向放置，可自动跟踪太阳。玻璃盖板和次级反射器与菲涅尔透镜聚光器一起旋转。玻璃盖板下方包含管 3、管 5 和轴 6 的土壤消毒系统保持静止。当太阳在天空中移动时，菲涅尔透镜聚光器随着太阳天顶角的变化而旋转，使太阳光聚焦在玻璃盖板上，并且相对于两个空心管的轴线对称。根据试验数据得出玻璃盖板与菲涅尔透镜的间距 1050mm 是最佳聚光距离，固定辐照度 I=1000W/m^2 时，土壤最高温度可达到 358K。菲涅尔透镜聚光器系统性能如表 4-1 所示。

图 4-8　工业化菲涅尔透镜聚光器

表4-1　菲涅尔透镜聚光器系统性能

参数	最优值
最大连续处理能力	1.36kg/s
最高热效率	64.2%
适用辐照度范围	>300W/m^2
温度控制精度	±0.5K

4.4.4 聚光太阳能制热水对土壤消毒的应用

利用热水抑制土壤微生物是一种高效的方法，其优势在于能够精准控制作用深度。这种方法可与太阳能技术紧密结合，即利用各种太阳能装置生产的热水或电力来加热水，从而实现对土壤温度的精准调控。Manop Yamfang 提出利用太阳能热水系统产生的热水来抑制危害茄树的土壤病原微生物。太阳能热水土壤消毒系统由不对称复合抛物面聚光器（asymmetrical compound parabolic concentrator，ACPC）、CPC 和平板太阳能集热器（flat plate solar collector，FPSC）组成（图 4-9）。水在重力作用下从水箱中流出，然后流过 ACPC 进行第一次加热，接着流过 CPC 进行第二次加热，最后流过 FPSC 进行第三次加热。不对称复合抛物面聚光器截面由不锈钢 U 型管制成，并采用水作为传热介质，水在其中直接加热，总面积为 2.88m^2。复合抛物面聚光器部分采用不锈钢材质（采光面积 1.8m^2），并集成了一根长 2m、直径 60mm 的铜管作为水流加热通道。平板太阳能集热器部分由单层玻璃（面积为 2.88m^2）制成，并配有平行排列的铜管。

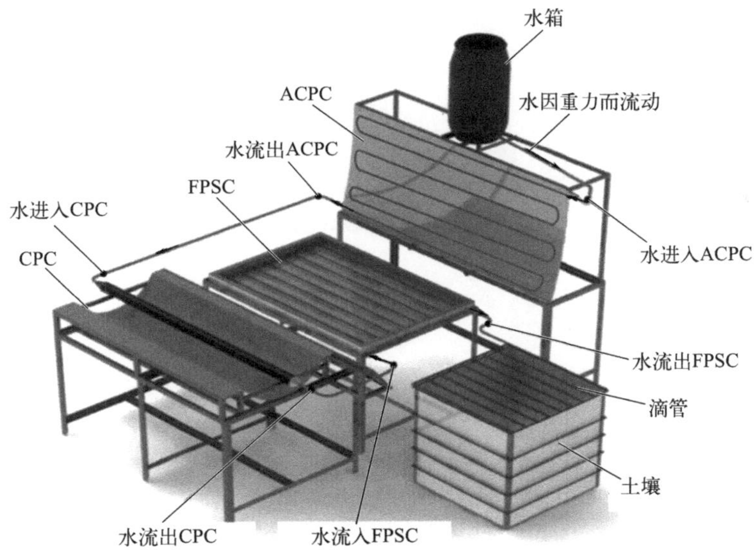

图 4-9　太阳能热水土壤消毒系统

太阳能热水系统可提供超过 70℃的高温热水。实验表明，当进水温度高于 60℃时，可将 30cm 深处的土壤加热至 50℃。土壤密度对土壤温度分布具有显著影响，密度越低，热传递越快，土壤温度上升越迅速。这主要是因为低密度土壤孔隙率更高，可以促进热水重力渗透和对流传热。例如，在 30cm 深处，300kg/m^3

的土壤在120min内达到微生物抑制阈值，而400kg/m³的土壤需更长时间。热水体积流量（15 ～ 17mL/min、20 ～ 22mL/min、25 ～ 27mL/min）对土壤温度无显著影响，但热水温度是主导因素。在土壤密度为300kg/m³时，70℃的热水可在2h内使30cm深处的土壤温度达到40℃（抑制微生物有效），50℃的热水则无效。在深度为10cm、日晒时间为4h的低密度土壤（300kg/m³）以及深度为30cm、日晒时间为2h、热水（70℃）滴灌的土壤中，99.99%的微生物被抑制。与没有热水滴落的日晒相比，因土壤隔热性限制热传递，单纯日光消毒在土壤深度大于10cm时无效。滴水位置如图4-10所示。

图4-10　滴水位置

参考文献

[1] 杨振翠，孙述俊，吴翠兰，等．温室土壤日光能高温消毒技术研究[J]．甘肃农业大学学报，2001 (2): 179-183．

[2] 林天杰．利用自然太阳能消毒土壤[J]．上海农业科技，2002 (4): 12．

[3] 张利英，李贺年，翟姗姗，等．太阳能土壤消毒在草莓保护地栽培中的应用效果[J]．北方园艺，2010 (14): 67, 68．

[4] 戴巧利，左然，李平，等．主动式太阳能集热/土壤蓄热塑料大棚增温系统及效果[J]．农业工程学报，2009, 25 (7): 164-168．

[5] 常泽辉，贾柠泽，侯静，等．聚光回热式太阳能土壤灭虫除菌装置光热性能[J]．农业工程学报，2017, 33 (9): 211-217．

[6] 北京理工大学．折射线聚光连续操作回热型太阳能土壤消毒装置: 201510609621. 4[P]. 2018-05-08．

[7] 张明科，张鲁刚，惠麦侠．透明膜覆盖土壤太阳能消毒及其对大白菜生长的影响[J]．西北农林科技大学学报（自然科学版），2007 (12): 72-76．

[8] Mormile P, Rippa M, Petti L, et al. Improvement of soil solarization through a hybrid system simulating a solar hot water panel [J]. Journal of Advanced Agricultural Technologies, 2016, 3 (3): 226-230．

[9] 李志永，郑宏飞，王飞，等．折射线聚光连续操作回热型太阳能土壤消毒装置: 201510609621[P]．2015-12-02．

[10] 徐大兵，谢媛圆，夏贤格，等．红菜薹废弃物还田对四季豆产量和养分累积的影响[J]．湖北农业科学，

2020, 59 (24): 63-66.
[11] 董志刚，郑爱红，万旭花．高温闷棚配施土壤活化修复杀菌剂对设施番茄连作障碍的影响 [J]．中国瓜菜，2021, 34 (9): 70-73.
[12] 李佳川，杨瑞平，张显．灌水高温闷棚处理对温室连作土壤修复效果的影响 [J]．北方园艺，2016 (15): 172-175.
[13] 袁根兰．不同土壤消毒方式对大棚西瓜连作障碍缓解效果的研究 [D]．咸阳：西北农林科技大学，2018.
[14] 何志刚，娄春荣，董环，等．秸秆还田与高温闷棚对设施连作土壤微生境及番茄生长发育的影响 [J]．河南农业科学，2018, 47 (10): 87-91.
[15] 董海龙，路平，张作刚，等．秸秆 + 石灰氮 +X-20 菌肥 + 高温闷棚处理对根结线虫种群数量变化的影响 [J]．中国农业大学学报，2016 (4): 52-58.
[16] Zhao Y, Zheng H, Ma X, et al. Regenerative solar soil sterilizing system with the Fresnel lens concentrator [J]. Applied Thermal Engineering, 2018, 142: 674-82.
[17] Yamfang M, Thepa S, Kongkiattikajorn J. Development of a solar hot water system and investigation of the effects of soil density to inhibit microbial performance in soil with hot water dropping [J]. Renewable Energy, 2018, 117: 28-36.
[18] Chang Z, Peng Y, Shi R, et al. Performance investigation on soil disinfection with a compound parabolic concentrating solar collector system [J]. Energy Conversion and Management, 2023, 287: 117105.
[19] Amara S, Baghdadli T, Knapp S, et al. Legionella disinfection by solar concentrator system [J]. Renewable and Sustainable Energy Reviews, 2017, 70: 786-792.
[20] Shinde Y A, Jagtap M P, Patil M G, et al. Experimental investigation on the effect of soil solarization incorporating black, silver, and transparent polythene, and straw as mulch, on the microbial population and weed growth [J]. Chemosphere, 2023, 336: 139263.

第5章

微波灭杀技术

5.1 微波灭杀的工作原理

土壤微波消杀机是利用频率 300 ～ 300GHz、波长 1 ～ 1000mm 范围内的具有穿透性的电磁波，通过介电加热杀死杂草、草籽以及土壤病原微生物的装备。采用微波辐照土壤时，通过选择性加热极性分子对病虫害造成热伤害以及通过“生物效应”造成各种伤害，影响病虫害的正常生长发育，从而减轻对植物根系的侵染，达到防治的目的。

影响微波加热土壤的因素有很多，如含水率的变化会导致介电常数发生改变，介电常数的实部是材料的电容率，衡量了材料在电场作用下的极化程度，表示材料在电场中的存储电荷能力，虚部是材料的损耗因子，表示材料对电场能量的吸收和损耗；微波频率越高，波长越短，穿透能力通常越弱；加热温度一般与微波功率和加热时间成正比。

5.2 微波灭杀的应用现状

相较于溴甲烷等化学药剂土壤消毒法，微波法不会对环境造成污染，无药物残留，是一种高效、无公害、理想的病虫草害防治手段，而且微波具有穿透性，可作用于土壤深层和植物内部。总体而言，微波灭杀技术是一种高效、环保的病虫草害防控方法，特别适合用于设施农业和有机农业，符合现代农业绿色发展的需求。目前，对微波法的研究主要分为表面非接触式、插入式和分离取土式微波土壤消毒装备。

从 20 世纪就已经开始微波处理病虫草害的研究，大多采用非接触式微波灭杀装置对少数土壤样本进行灭杀病虫草害实验，这对后续各种成型微波灭杀装置的研发具有重要意义。Vela 在有水和无水的情况下，将各种微生物暴露在 2450MHz 的微波中，对微波对微生物的灭活机制进行了研究。结果发现，含水样本失活，而干燥或冻干样本则不受影响。由此推论，热效应主导灭活机制，该过程中“非热效应”很可能不起作用。Tan、Banik 和 Adair 对微波的生物效应（非热效应）进行了系统性的综述，得出微波是具有生物效应的。含水率是影响微波加热的重要因素。1971 年 Davis 将 2450MHz 的高频电磁场应用于杂草控制，发现短时间内便可对部分杂草及种子产生致命效果，含水率高的种子相比干燥种子更加明显。与其他研究者不同的是，Barker 将杂草种子放在 2cm 深的土壤（土壤质量为 800g）中进行微波处理，120s 时土壤温度便达到了 80℃，继续保温

30s 就可以实现强效抑制。他指出此试验中土壤水分对介电加热的影响不大，加热时间是主要的影响因素。以上试验的温度都是人工测量，并不能直观地观察到土壤的温度分布情况。国内学者马思鹏基于 COMSOL Multiphysics 软件建立微波加热土壤的电磁 - 传热物理场耦合仿真模型，研究了微波处理下土壤温度随时间和空间的分布规律；基于仿真结果，利用 700W 的微波土壤加热试验装置对 3 种不同含水率（2%、10% 和 20%）的土壤辐射 5min 并静置 30min，通过传感器研究了土壤温度随时间的变化情况，同时验证了模型的正确性；选用 2 种常见杂草种子作为试验样本进行土壤消毒试验，验证了微波加热除草消毒效果。对于黑麦草和狗尾草，含水率 2% 的土壤 4cm 深处的种子萌发率最高达到 80%，含水率 10% 和 20% 的土壤中种子萌发率最高为 8%。

土壤中除了杂草种子外还有大量的微生物，部分微生物（如根结线虫、镰刀菌等）会对农作物产生十分恶劣的影响。Rahi 使用 2450MHz 的微波辐射照射放置在圆柱中的砂壤土，探究了微波对土壤中线虫的灭杀效果。通过试验发现，在 6cm 的湿土层上覆盖 6cm 的干土层是最有效的处理方式，可在土壤辐照前后在土壤表面以下 4cm 处产生最大温差。这可能是因为干燥土壤成分对微波辐射的衰减远小于土壤孔隙中的水，从而有助于辐射更深入地穿透。在较低深度拦截和吸收的能量被捕获，这是因为土壤孔隙中的空气起到了绝缘的作用。这种能量被迅速释放到土壤中，导致温度更高，处理 45s 线虫的灭杀率便可接近 100%。为探究微波土壤消毒对土壤微生物群落的影响，特别是对有益土壤微生物的影响，Khan 研究了微波处理后土壤中微生物的恢复情况。结果发现加热不会对氨氧化细菌的丰度产生负面影响，尽管播种前微波处理会改变土壤微生物群落，但有益的土壤微生物表现出更快的恢复速度。

为适应农业的发展，人们开始研发能规模化处理土壤的非接触式微波土壤消毒机。Sartorato 对微波除草机进行了田间试验。他指出土壤含水率是影响杂草控制率的主要因素，这是因为土壤中的水会吸收大部分的微波能量。但过低的土壤含水率会导致微波穿透深度过高，造成能源的浪费。因此，需要进行理论分析，以确定能够最大限度地减少土壤渗透和最大限度地提高植物吸收的微波通量配置。这种观点在 Sun 的研究结果中再次被证实，在此实验中，探究了不同土壤水分以及深度对土壤温度的影响。他指出微波独特的穿透性使得土壤测试点的最高温度经常出现在距离土壤表面 3 ～ 4cm 的地方，土壤的内部温度值与照射时间成正比，随着土壤含水量的增加，土壤的最高温度接近土壤表面。正是由于微波加热具有穿透性，徐常青设计制造了功率 20kW，频率为 915MHz 的大功率土壤微波处理机，并进行了田间试验。结果表明，大棚土壤经微波 60s 照射能够显著降低甜瓜根结数和根结指数。盆栽实验表明，仅需 10s 微波处理即可有效控制黄瓜根结线虫。在大棚甜瓜应用中，60s 微波处理虽显著降低了根结数，但对株高、根径、果实糖度、硬度及果形指数均无显著影响。尽管大功率微波对蔬菜根结线虫防治效果显著，但其高能耗仍是制约应用的关键问题。王振跃对田间土壤进行了微波处理，然后取不同深度的土样进行了室内培养来观察微波消毒对土壤中病原微生物的防治效果。微波处理 10min 的效果研究表明，对于 5cm 深度土壤中的细菌（杀灭率 74.48%）和线虫（杀灭率 70.73%）以及 10cm 深度土壤中的真菌（杀灭率 85.65%）和放线菌（杀灭率 83.25%），均达到了最佳杀灭效果。微波也可应用于农作物中的害虫灭杀。Song 鉴于常规杀虫方法难以抑制水稻中的虫卵孵化，采用了微波加热技术杀灭藏匿于稻粒内的虫卵。该研究聚焦于微波辐照的杀虫致死条件及其对稻米品质的影响，进而确立了既可保障稻米品质又能实现彻底杀虫的工艺参数。研究结果表明，使用两级可变微波功率工艺最终可以同时确保稻米的去虫害和质量。

虽然微波具有一定的穿透性，但当土壤较深时加热效果并不明显，而插入式和分离取土式土壤微波消毒装置可以很好地解决这一问题。王正研究设计了一种带有升降装置的微波土壤处理机，采用蜗轮螺杆升降机驱动。该装置可将微波发生与辐射部件插入土壤中，使其产生的微波能量直接作用于深层土壤。土壤温度的测量通过光纤传感器实现。温室实验结果表明，位于 10cm 深度的土壤层升温最为显著，并且土壤温度随处理时间的延长而持续升高。李月章设计了一种插入式微波土壤杀菌灭虫装置，形状类似于犁，犁柄为空心，内部安装有微波能量发生器单元，犁柄上有多个孔隙用来释放微波，当其在土壤中移动时将微波能释放作用于周边土壤。经消毒后的土壤可很好地解决病虫草害等问题。针对设施农业中番茄连作引发的土传病害问题，国内研发的微波杀菌灭虫装置通过高频电磁波（915MHz）穿透土壤，使根结线虫体内的极性分子高频振荡产生热效应，导致虫体蛋白质失活。实验结果显示，经该设备处理的连作番茄土壤，根结线虫种群密度显著降低。与此同时，种植在此类土壤中的西红柿，在整个生长发育过程中，病株率较之未处理土壤种植的西红柿最多可减少 20.9%。目前对于分离取土式土壤微波消毒装置的研究并不多，大多集中于结构设计，相关具体实验数据很少。

国内外有许多对微波加热的研究，虽然并不是以土壤或病虫草害为研究对象，但仍然具有借鉴意义。为提高微波加热的均匀性和高效性，这些学者主要围绕两大方向展开了研究：一是通过动态改变微波场来优化能量分布；二是结合其他热源进行辅助加热。Baro 研究了静态混合器（一种由交替逆时针和顺时针扭曲的螺旋元件组成的装置）的使用情况，结果表明这种螺旋结构可以显著减少连续流微波加工中的不均匀加热。由于静态混合器并不能带动里面的介质，运动速度主要依靠初速度，而螺旋输送机与其结构相似，并且可以带动加热物体运动，使加热更加均匀，更有应用价值。叶菁华提出了一种管道式螺旋推进微波加热装置的设计方案，微波功率为 100kW，频率为 2450MHz，加热通道长度为 0.41m；采用了温度变异系数（coefficient of variation，COV）来表达加热的均匀性，值越小加热均匀性越好；通过多物理场仿真模拟了对水的微波加热并对其加热均匀性进行了分析，结果显示有螺旋推进器相比无螺旋推进器加热均匀性大大提高，转速越大均匀性越好，但转速过大时会导致出口温度过低。由于螺旋推进器的外面具有谐振腔，所以微波利用率高达 95%。但这只是仿真模拟出的结果，与实际可能存在偏差。

5.3 典型装置结构及运行参数

一般的微波消毒装置都包含三个核心部件，即磁控管、波导、天线。磁控管是一种基于电真空技术产生微波能的器件，其本质为置于恒定磁场中的二极管。在该器件内部，电子受到相互垂直的恒定电场与磁场的协同调控，通过与高频电磁场相互作用，将直流电能转化为微波能量。磁控管按工作模式可分为脉冲磁控管和连续波磁控管两类。脉冲型广泛用于雷达系统（如机载、舰载、气象雷达等），连续波型则应用于电子对抗、工业加热及医疗理疗领域。土壤消毒主要采用连续波磁控管，工作频率以 915MHz 与 2450MHz 为主。由于微波频段处于厘米波或毫米波范围，传统电缆传输会导致能量损耗显著，因此需通过金属波导（矩形或圆形截面的管道）进行高效馈送。为增大微波在空气中的传导距离，常采用天线，在土壤消毒中应用较多的是喇叭天线。除三个核心部件外，有时也会采用谐振腔。它可以使高频电磁场持续振荡。

5.3.1 非接触式微波灭杀装置

一种土壤消毒装置如图 5-1 所示，其尺寸参数如表 5-1 所示。该设备是将微波炉（美的 M1-L213B，工作频率为 2450MHz，功率 700W）的磁控管与不锈钢材质的角锥喇叭天线连接改装制成的，其中角锥喇叭天线是将矩形波导端口面逐渐扩大形成的。利用微波炉定时器设定好加热时间，磁控管产生微波后经喇叭天线发射至土壤中提升土壤温度。

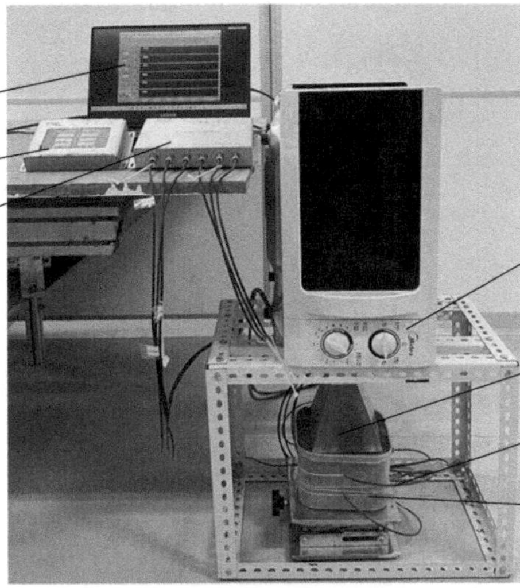

图 5-1　土壤微波消毒试验装置

1—微波炉；2—角锥喇叭天线；3—光纤传感器；
4—土壤；5—光纤解调仪；6—显示屏；7—上位机软件

表5-1　土壤微波消毒试验装置尺寸参数

属性		数值	单位
几何尺寸	矩形波导	86 × 43 × 60	mm
	角锥喇叭端口面	160 × 120	mm
	土壤	180 × 220 × 120	mm

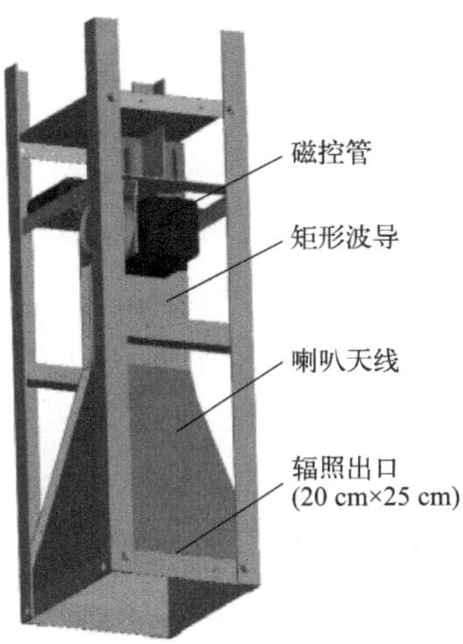

图 5-2　微波除草机

将微波炉改造成消毒装置并不适合用于田间实验。一种微波除草机如图 5-2 所示，其相关参数如表 5-2 所示。它使用了磁控管代替微波炉，主要包含三个部件，即磁控管、波导、天线。磁控管发射频率为 2.45GHz，输出功率为 900W。将设备置于地块上，并用喇叭形罩封闭植物，测量结果显示，发射的总微波能量中约有 70% 集中在辐射孔径的中心区域。磁控管的效率约为 75%，这意味着输入磁控管的电能约有 75% 被转化为微波辐射。可以使用由柴油发动机提供动力的发电机在现场发电，发电机的效率可以设置为 0.9，发动机的效率可以设置为 0.35（采用的效率数据是技术文献中的平均值）。将这些效率相乘得到大约 0.24 的总效率，即柴油燃料提供的能量中约有四分之一转化为微波。鉴于柴油燃料的热值约为 4200kJ/kg，微波能量为 1000kJ/m² 相当于 100g/m²。若要得到满意的杂草控制，以微波能量表示，范围在 1015 ～ 3433kJ/m² 之间，消耗能源巨大。Khan 使用类似装置对田间杂草进行了微波处理，功率为 600W，时间为 120s，结果如图 5-3 所示。未经处理的对照地块中，杂草高度入侵。

表5-2　微波除草机相关参数

参数	数值
微波频率 /MHz	2450
微波输出功率 /kW	0.9
喇叭天线尺寸 /cm	25 × 20

图 5-3　微波处理的样地（a）和未处理的对照样地（b）中杂草出苗的视觉比较

上述装置微波出口与土壤之间的距离调节存在很大问题。Behzadi 设计了由磁控管、微波电源和角锥喇叭天线组成的 1kW 微波发射系统，它可以通过导轨实现微波出口的高度调节，频率为 2450MHz，如图 5-4 所示。COMSOL 多物理场仿真分析显示，干土经 60s 微波辐射后，最高温度可达 74℃（图 5-5）。除草验证试验选取了 7 类杂草种子，结果表明当土壤温度升至 70℃时，种子萌发率可抑制到 20% 以下。但此装置尺寸较小，只适合用于实验室，效率较低，田间土壤消毒需要成熟的大型设备。

王明友设计的微波土壤处理设备可将产生的微波直接辐射于连作土壤进行现场作业，实现微波就地土壤处理。田间试验表明，经微波处理的土壤中根结线虫

图 5-4　出口可以调节的微波除草装置

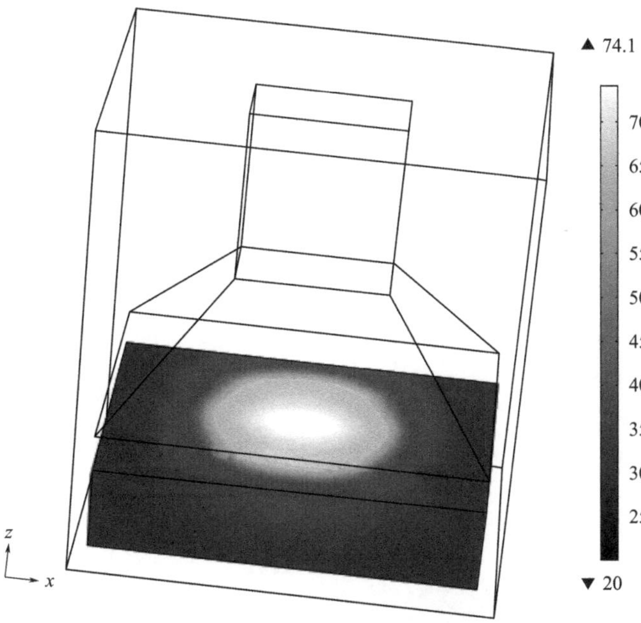

图 5-5　干土辐射 60s 温度分布（单位：℃）

数量显著少于未经处理的土壤。其中 100mm 土层深度的灭菌效果最为明显，优于 150mm 和 200mm 深度。进一步发现，当处理时间达 90 s 时，对土壤中间与右侧区域 100mm 深度范围内的根结线虫灭活效果最佳，线虫数量降低了 82.3%。但该装置在田间行走比较困难。其相关参数如表 5-3 所示，结构如图 5-6 所示。

表5-3　NJT6-1型微波土壤处理设备相关参数

参数	数值
输入交流电源电压 /V	380（±10%）
微波频率 /MHz	2450
微波输出功率 /kW	6
工作环境温度 /℃	0 ～ 40
微波泄漏量 /（mW/cm²）	≤ 1
工作环境	不可有腐蚀性气体，尽量少灰

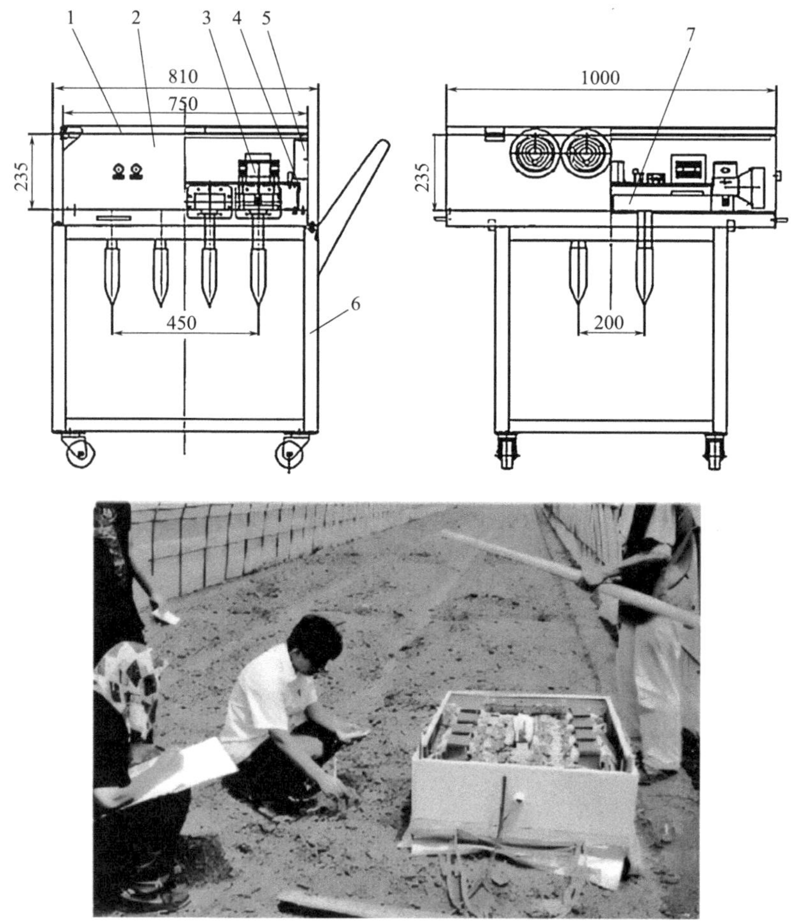

图 5-6　NJT6-1 型微波土壤处理设备

1—门；2—腔体框架；3—电器组件；4—器件框架；5—风扇；6—推车；7—波导组件

为装置增加动力系统便可解决田间行进问题。徐常青设计并制造了功率 20kW、频率 915MHz 的大功率土壤微波处理机，如图 5-7 所示，相关参数如表 5-4 所示。其供电系统采用集成化设计，电网输入电能经变压器降压后，由整流器转换为直流，再经调压器进行功率调节，最终通过馈电线输送至微波辐射器。其中，变压器、整流器、调压器及散热组件等固定单元均集成在电源机箱内部。工作时，该电源机箱通常放置在工作场地附近，不随微波辐射器移动。经由馈电线传输的电能，通过磁控管转换为微波能。微波能依次经由谐振腔、环流器、耦合器，最终通过喇叭天线定向辐射至土壤中。田间试验证实，60s 微波照射可显著降低大棚甜瓜土壤中的根结线虫数量和指数；盆栽试验进一步表明，仅需 10s 微波

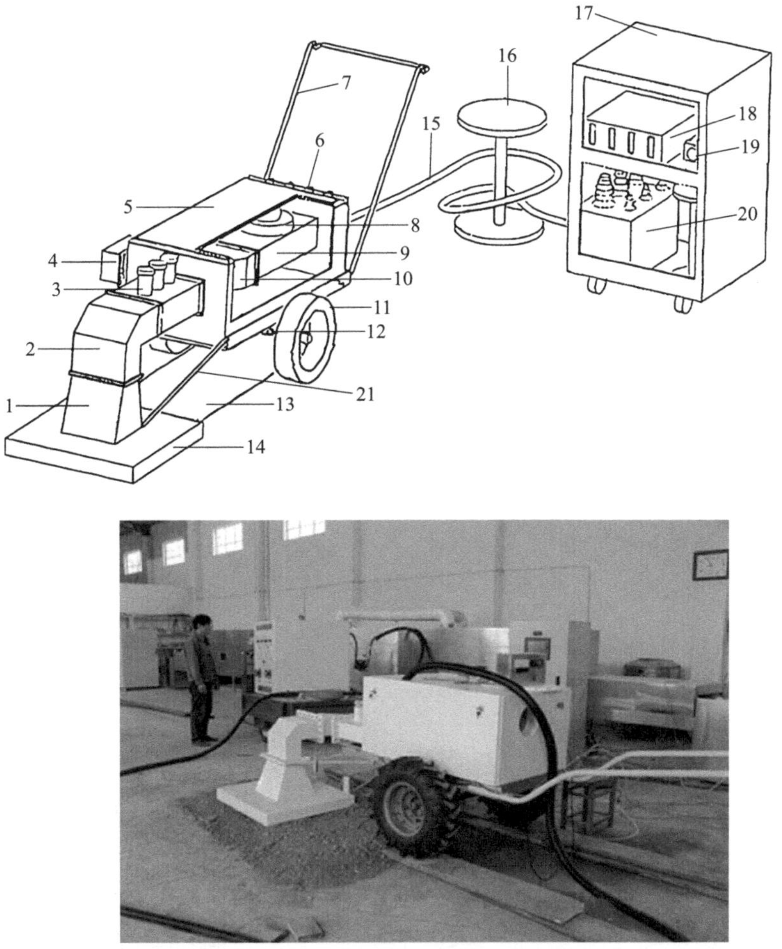

图 5-7　土壤微波处理装置结构示意图

1—喇叭天线；2—波导管；3—耦合器；4—水负载；5—移动机箱；6—控制面板；7—推拉手架；8—磁控管；9—谐振腔；10—环流器；11—行走轮；12—驱动装置；13—保温拖带；14—抗流器；15—馈电线；16—馈电线收放装置；17—电源机箱；18—整流器；19—调压器；20—变压器；21—固定连接杆

处理即能有效控制黄瓜根结线虫。同时，该技术对甜瓜的植株形态（株高、根径）和果实品质（糖度、硬度、果形指数）均无显著负面影响，与未处理对照组相比差异不显著。综上，大功率微波技术对设施蔬菜根结线虫的防控效果显著。然而，目前该技术存在能耗较高的局限性，未来需着力降低能耗、提升效率。

表5-4　土壤微波处理装置相关参数

参数	数值
输入交流电源电压 /V	380
微波频率 /MHz	915
微波输出功率 /kW	20
系统驻波比	＜ 3
微波泄漏量 /（mW/cm^2）	＜ 1
车体长 /cm	220
车体宽 /cm	70
行走轮间距 /cm	93
车体高 /cm	100

2009 年，William 发明了一种除菌控制设备，如图 5-8 所示。该装置有自己独立的供电系统，无需在田间铺设电网。该装置需要搭配汽车使用，微波发生器（工作频率 915MHz）位于车辆后部，输出端口位于车辆前部，两侧装有金属滑轨用来防止微波泄漏，中间由波导连接。由于波导过长，在传输过程中会有一些损耗。当输出功率为 100kW 时，土壤表面的昆虫升温速率为 60.38℃ /min；当深度为 1.95ft 时，升温速率为 13.92℃ /min，继续增大到 3.9ft，升温速率降到了 8.45℃ /min。

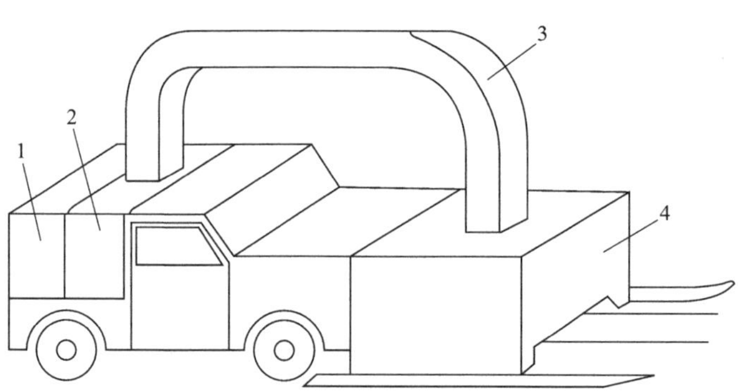

图 5-8　车载微波土壤消毒机

1—供电系统；2—微波发生装置；3—波导；4—微波辐射腔

2003 年，美国人 Clark 等发明了一种微波杂草杀灭机，如图 5-9 所示。该装置的微波发生器位于拖车后部。当该装置行走时，微波发生装置所释放的微波辐射到耕种土壤中，可有效抑制草籽萌发，在作物播种前处理耕地可起到杀灭病菌、杂草及昆虫的效果。微波杂草杀灭机为乘坐式，可加装在用于农业耕作的拖拉机上，配备柴油机与发电机组提供动力。由于机具的微波释放口与地面的距离是固定的，在坑洼地段作业时，该距离会被动增大，影响作业质量；在土层较高的地块作业时，微波发射部分会与土壤摩擦，造成设备损坏。

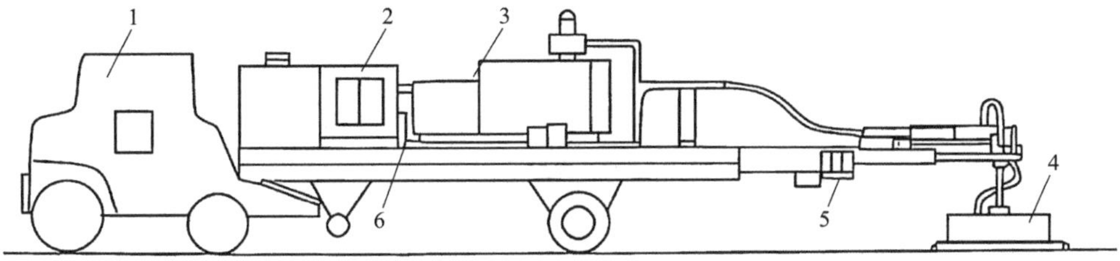

图 5-9 微波杂草杀灭机

1—自走式系统；2—微波电源；3—发电机组；4—微波腔；5—联动装置；6—输出电缆

5.3.2 插入式微波灭杀装置

1994 年，美国学者 Rajamannan 发明了一种可杀灭土壤中致病菌的土壤作业工具，如图 5-10 所示。该设备通过犁地对土壤进行预处理以疏松土壤，然后添加土壤调节剂以加速土块的分解。装置内部安装有微波发生器单元，犁柄上有多个孔隙用来释放微波，当其在土壤中移动时将微波能释放作用于周边土壤。发射的微波能量可选择性地提高土壤中有机物质的温度，包括土壤病原体，从而消灭病原体。微波发生器的频率为 2.45GHz，功率取决于土壤中存在的目标生物体的水分以及拖拉机的行驶速度。

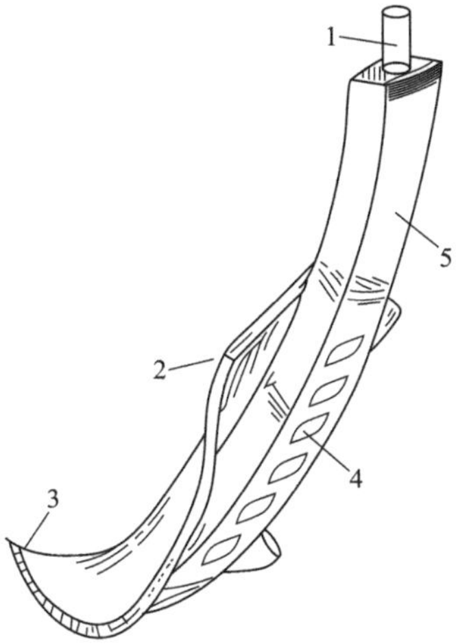

图 5-10 “犁”型插入式微波土壤消毒装置

1—电缆；2—电铲；3—铲柄；4—微波发电机组；5—金属外壳

2004 年，李月章也设计了一种类似图 5-10 的设备。这种设备由 L 形机架、连接固定架、犁尖群、微波发生器和控制器构成，微波发生器设置在 L 形机架的横向面板上方，连接固定架设置在 L 形机架的竖向面板外侧，犁尖群以一定间距设置在 L

形机架的横向面板下方，控制器通过控制导线与微波发生器相接，根据需要安装定位，如图 5-11 所示。当打开电源后装置进入正常工作状态，操纵升降机构将犁插到土壤中，按一定的速度向前移动。这时由微波发生器提供的微波能量就从犁尖两侧的输出口放射穿透土壤，再被对面的犁尖面折射返回，形成反复多次的微波辐射，可杀灭寄生在土壤中的病原菌及害虫虫卵、成虫和杂草种子。

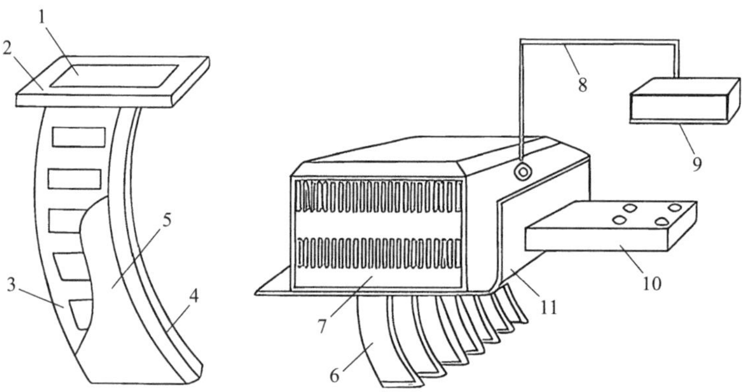

图 5-11 插入式微波土壤杀菌灭虫装置

1—方形槽；2—连接板；3—犁尖；4—过渡棱；5—防护板；
6—犁尖群；7—微波发生器；8—控制导线；9—微波磁控管；10—固定架；11—L形机架

江苏大学的王正设计了一种升降式微波土壤处理机。该升降式微波土壤处理机包含微波发生与辐射装置、升降机构、移动车体及操作面板等核心模块。操作时，先将设备移动至目标土壤区域，通过操作面板设定处理时长。触发下降指令后，电动机驱动 SWL 蜗轮螺杆升降机将微波装置下压，直至同轴管及防护罩插入土壤并触发下限位器自动停止。启动微波后，磁控管产生的微波能经同轴管直射土壤，通过热力与辐射双重作用灭活病原菌及虫卵。达到预设时间后设备自动停机，触发上升指令使装置复位至上限位器，最后推移至下一作业点循环消毒。该升降式微波土壤处理机通过精准物理消杀解决了化学消毒的污染难题，尤其适用于设施农业种植前的土壤处理。未来通过能效优化与智能控制升级，有望成为替代化学熏蒸的主流装备，推动绿色农业技术革新。其相关参数如表 5-5 所示，结构如图 5-12 所示。

表5-5 升降式微波土壤处理机相关参数

参数	数值
输入交流电源电压 /V	380

续表

参数	数值
微波频率 /MHz	2450
微波输出功率 /kW	1
磁控管数量	12
冷却方式	风冷散热

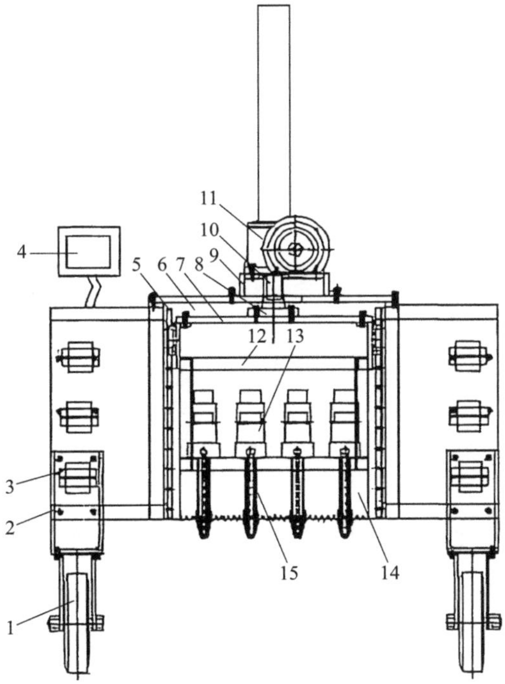

图 5-12　升降式微波土壤处理机

1—车轮；2—车架；3—变压器；4—操作面板；5—滑动导轨；
6—升降机支座架板；7—传动丝杆安装板；8—连接圆盘；9—升降机支座；
10—丝杆；11—升降机；12—升降框架；13—磁控管；14—防护罩；15—同轴管

5.3.3 分离取土式微波灭杀装置

一种利用微波能量对土壤进行杀菌、除虫和除草的装置如图 5-13 所示。该装置使用接地啮合构件将土壤从地面引导到输送机上，在输送机输送土壤的过程中对土壤施加微波辐射，将土壤加热到预定温度，从而破坏土壤中的杂草、植物和昆虫细胞。为了最大限度地消灭害虫，可以通过改变施加到土壤上的能量、发射的微波频率或施加到土壤上的时间来改变目标土壤温度。土壤通过微波能量应用区域后，输送机将辐照土壤带到设备后部，在那里分散回地面。这种装置减少了微波在土壤中的消耗，具有的整地功能也有助于后期播种。设计采用速度传感器实时比较传送带速度与设备行走速度（地面速度），一旦检测到速度偏差即进行调节，以保持同步。该设备为柴油驱动，行走速度可灵活调整。问题在于，土壤消毒过程耗时较长，这就要求设备必须保持较低的速度行驶，以保证土壤在传送台上获得足够的消毒时间，从而导致整体作业效率低下。该装置的微波热源由多个微波发生器排列组合而成，单个微波发生器的功率不等，搭载数量根据实际工作需求而定，能耗较高。

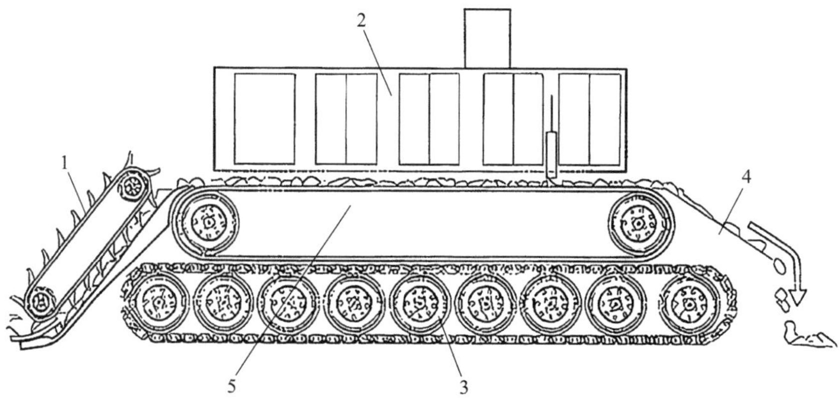

图 5-13　土壤微波杀菌、除虫和除草的装置

1—刨土装置；2—微波加热装置；3—履带；4—土壤回填装置；5—土壤输送装置

不同于图 5-13 的一体化设备，上海烟草集团有限责任公司和中国农业科学院烟草研究所在 2022 年申请了一个针对土壤中细菌病害的微波防治装置专利，将整体分为了牵引装置和微波消毒装置，使用起来更加灵活。该装置包括动力装置、牵引连接装置和底部设有行走机构的台架、取土装置、微波消杀装置、隔离防护舱和电源模块，如图 5-14 所示。所述取土装置包括取土挡板、传送带和分堆犁，微波消杀装置包括微波发生器、可伸缩波导管和波导管保护套，隔离防护舱由若干块挡板围成，电源模块包括电源单元和发电机。其工作流程是利用拖拉机带动消毒装置，通过取土挡板将土壤取至传送带，利用分堆犁将土壤分为两堆，利用具有强穿透能力的微波对土壤进行杀虫灭菌；通过设置隔离防护舱和伸缩结构，防止微波泄漏，提高作业安全性。

图 5-13 与图 5-14 两种装置的消毒腔内土壤都是平行运动的。广州机械设计研究所的王铭剑发明了一种土壤微波处理机，该装置的消毒腔是一个滚筒，土壤

在内部旋转的同时进行微波消毒处理。该装置包括机座、进料斗、排料斗、多个支撑轴承座、多个支撑轮、滚筒、防护管、固定轴、微波器、机架和两个气缸，如图 5-15 所示。滚筒的筒壁支撑在支撑轮上，支撑轮通过轴承安装在支撑轴承座上，支撑轴承座、进料斗和排料斗固定在机座上；微波器的波导管固定在固定轴上，固定轴和微波器的波导管位于防护管内，防护管安装在滚筒内的轴心线上；机座支撑在机架上并与机架铰接，两个气缸的缸体与机架铰接，两个气缸的活塞杆与机座的另一端底部铰接。滚筒的持续滚动与气缸控制的倾角调节协同作用，使土壤在滚筒内形成动态翻料与搅拌，可有效打破土壤团聚体并增强流动性。这一过程大幅提高了微波辐射的覆盖均匀性，进而优化了土壤改良的工作效率。

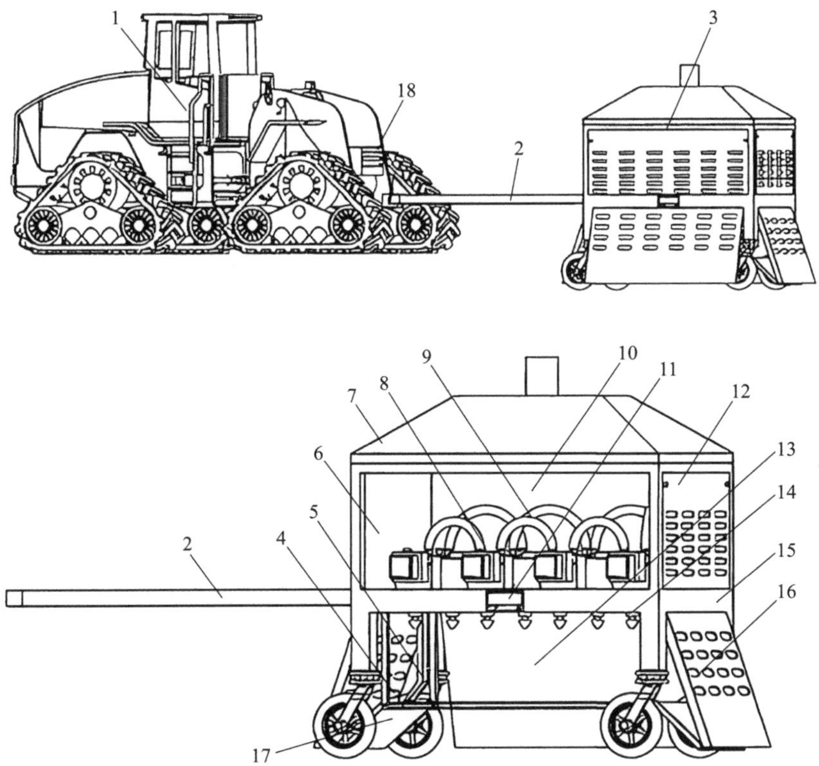

图 5-14　土壤中细菌病害的微波防治装置

1—可遥控履带式拖拉机；2—牵引连接装置；3—微波消杀装置；
4—传送带；5—分堆犁；6—隔离防护舱前挡板；7—隔离防护舱上盖；
8—微波发生器；9—连接导管；10—隔离防护舱侧挡板；11—显示屏；12—隔离防护舱后挡板；
13—下端侧隔离挡板；14—可伸缩波导管；15—台架；16—下端前后隔离挡板；17—取土挡板；18—发电机

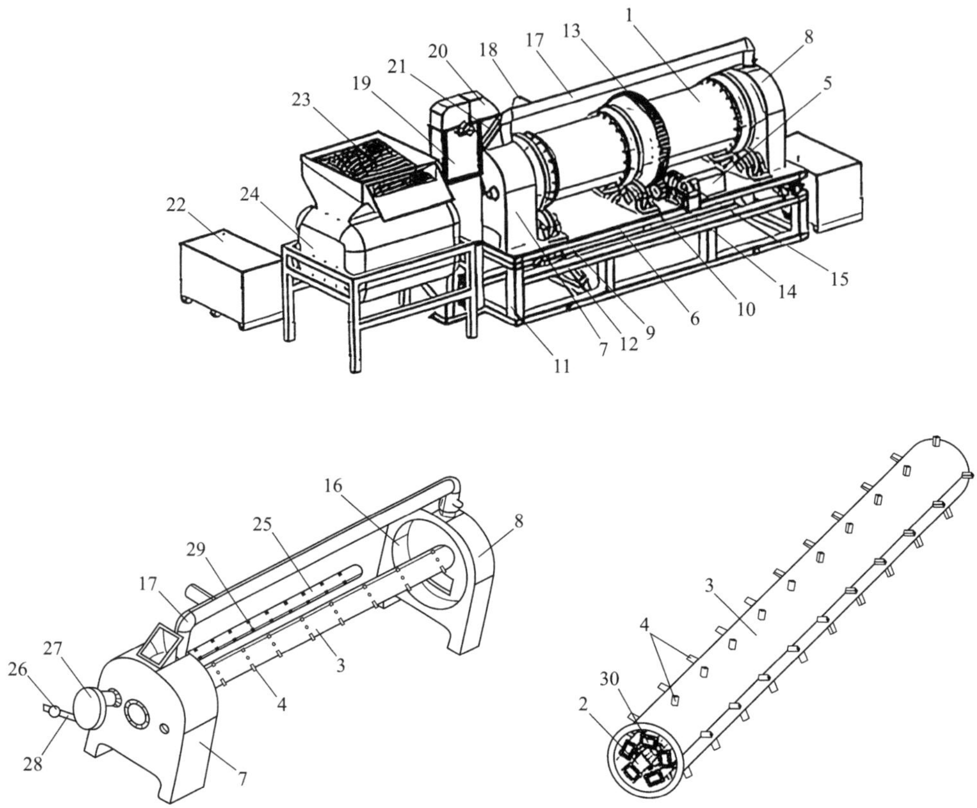

图 5-15 土壤微波处理机

1—滚筒；2—固定轴；3—防护管；
4—圆波导管；5—电动机；6—机座；7—进料斗；8—排料斗；
9—支撑轴承座；10—支撑轮；11—机架；12—气缸；13—齿圈；
14—齿轮；15—减速器；16—排料斗的进料口；17—尾气连通管；18—尾气外排管；
19—土壤提升机；20—漏斗；21—波纹管；22—土壤转运箱；23—粗筛；24—搅拌机；
25—清洗管；26—水阀；27—水泵；28—水输送管路；29—水喷头；30—矩形波导管

微波加热虽然具有穿透性，但存在着热点问题，即加热不均匀。为提升微波加热均匀性，许多学者提出了使用搅拌器使加热对象充分混合；还有部分学者提出使用其他热源进行辅助加热，从而提高加热效率。这些研究的对象虽然不是土壤，但仍具有借鉴意义，大部分采用的方法是分离式。

李昊儒为改善工业微波加热过程中的加热不均匀问题，通过仿真带有螺旋推进器的管道式加热装置（图 5-16）研究了螺旋转速、流体入口流速以及螺旋材料对加热均匀性的影响。结果表明温度变异系数随转速提升呈先降后升趋势。层流工况下，转速越大加热均匀性越好；湍流工况下，转速越大加热均匀性越差。入口流速与螺旋转速共同调控温度分布，导致 COV 值在特定区间波动。入口流速增大时，转速对流体平均温度的调控作用减弱。相同情况下，采用微波反射型材料（铝）的螺旋推进器，加热均匀性显著优于微波透射型材料（聚四氟乙烯）。

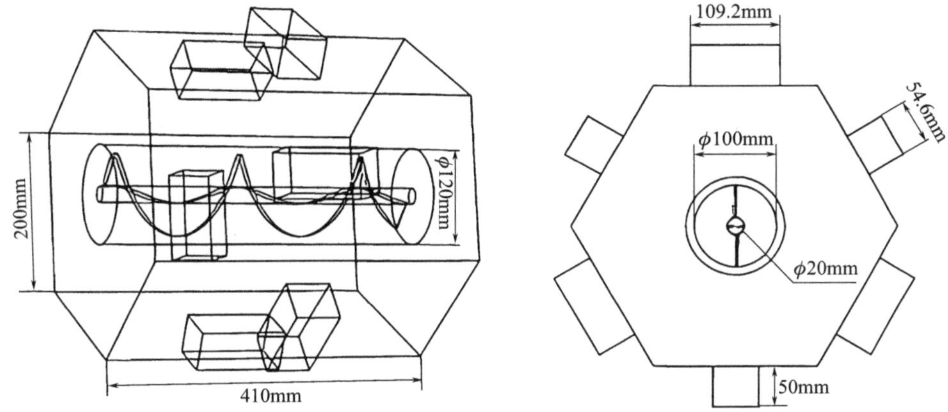

图 5-16 微波加热装置模型

类似于螺旋运输机装置的还有 Lin 设计的一款螺旋连续微波热解污泥的装置。该装置由进料装置、螺旋进料棒、热解腔、测温设备（红外探头和热电偶）、控制面板、电表和产品收集器组成，如图 5-17 所示。打开微波设备后，微波功率设置为 1800W。当温度上升到 300℃时，微波功率每 15min 增加 400W（最大功率为 4200W），直到达到目标温度。微波系统自动控制微波输出功率，以保持热解温度。为了准确测量热解温度，同时使用了红外探头和热电偶。将比含水率为 0 ～ 60% 的污泥样品通过进料装置连续送入微波腔（进料速度为 4r/min），实现了污泥的瞬时加热和均匀热解，从而提高了沼气产量。

由于单一热源加热效率低，马登成提出了微波热风耦合加热来提高沥青路面回收料（reclaimed asphalt pavement，RAP）的加热质量和效率，从而降低微波加热装机功率。该设备进风口和出风口左右对称排布，谐振腔顶部和侧面均布置天线，天线交错排布，间距为 30mm × 30mm，如图 5-18 所示。其相关参数如表 5-6 所示。混合加热是将热风和微波同时作用于 RAP。热风在加热其表面形成热传导的同时能有效排除 RAP 表面及浅层缝隙中的水分，微波加热独特的“泵出”效应能快速排出内部水分，并具有内加热的特性，两者混合可充分发挥各自的优势，实现内外同时快速加热与除湿。

(a) 螺旋连续微波热解设备

(b) 微波热解前后的污泥样本

(c) 微波热解设备的内部结构

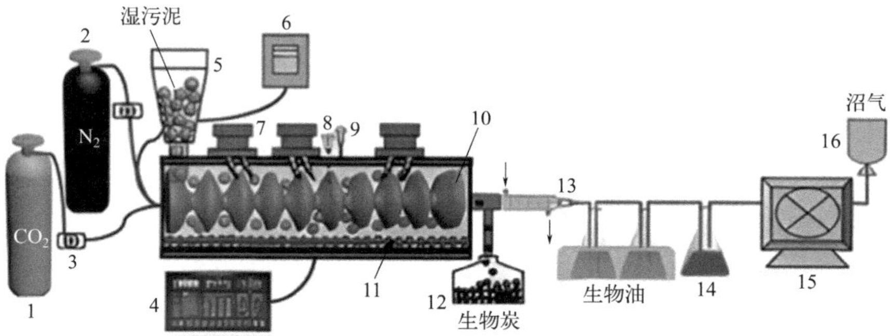

(d) 污水污泥螺旋连续微波热解示意图

图 5-17　螺旋连续微波热解污泥的装置

1—CO_2圆柱体；2—N_2气瓶；3—气体流量控制器；4—控制面板；
5—进料装置；6—电表；7—磁控管；8—红外探头；9—热电偶；10—螺旋进料棒；
11—碳化硅微波吸收床；12—生物炭罐；13—冷凝器；14—干燥剂；15—湿气流量计；16—气囊

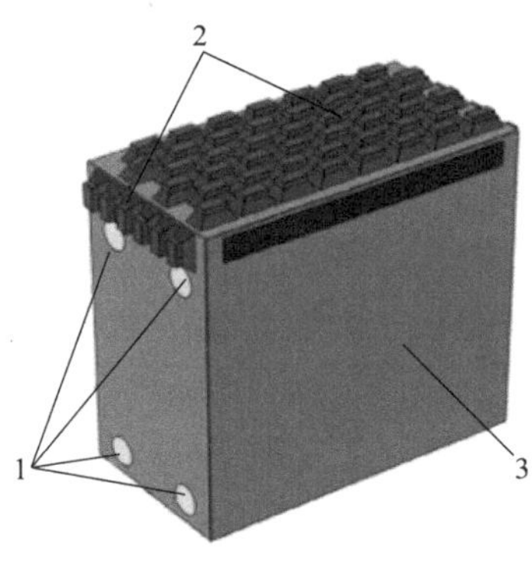

图 5-18　微波热风耦合加热沥青路面回收料装置

1—热风口；2—微波馈入口；3—加热腔体

表5-6 微波热风耦合加热沥青路面回收料装置相关参数

模型部件	长度 /cm	宽度 /cm	高度 /cm	半径 /cm
混合加热腔	175	335	320	
热风出口				15
RAP 料	175	300	250	
波导	24	12	6	
喇叭口	38	22	10	

5.4 应用案例分析

意大利 Microwave Technology 公司研发的一款微波土壤消毒机如图 5-19 所示。该设备使用电磁辐射加热土壤中的水，可完全去除基质中存在的任何病原体、杂草种子和昆虫。其辐射以受控爆发的方式施加并直接指向地面，因此不会影响周围环境。这种方法高效且快速，标准功率为 60kW，可根据需要进行定制，消毒深度达 10cm，且无化学残留，显著优于传统溴甲烷熏蒸法，符合绿色农业技术标准。

图 5-19 意大利 Microwave Technology 公司的微波土壤消毒机

澳大利亚人 Graham 研发的一款牵引式微波土壤消毒机如图 5-20 所示。在消毒过程中，该设备可用拖车缓慢地在土壤中移动。它有 4 台独立控制的 2kW 微波发生器，工作频率为 2.45GHz，由 2 台车载 7kW 三相发电机供电，微波能量通过波导和喇叭天线传输到地面。借助自动转向技术，可以使用微波处理来控制作物行之间的杂草，而不会损坏作物。

图 5-20　牵引式微波土壤消毒机

山东科弘微波能有限公司研发的工业微波土壤基质杀菌灭虫技术一体机（图 5-21）采用了隧道一体化结构、功率可调分布设计以及梯度功率密度设计，以确保微波能量能够均匀作用于土壤基质。此外，该设备还采用了 PLC 触摸屏设计，用户可以通过触摸屏设置多种参数，实现自动化控制，操作简单可靠；微波防泄漏专业化设计，确保设备的泄漏指标小于国家标准，保障操作人员的安全。通过微波处理，可以有效杀灭土壤中的杂草籽和病原菌，去除土壤中的重金属、有机污染物等有害物质，恢复土壤的生态功能。同时，微波处理还可以改善土壤结构，提高土壤的肥力和透气性，为农作物的健康生长提供良好的土壤环境。

图 5-21　工业微波土壤基质杀菌灭虫技术一体机

参考文献

[1] 马思鹏. 设施土壤微波除草消毒试验装置的仿真与研究 [D]. 咸阳: 西北农林科技大学, 2022.

[2] Zhang Q, Bo W, Hao Z, et al. Effects of microwave-hot air combined drying on the moisture content, physical properties, flavor, and volatile components of prunes [J]. Drying Technology, 2025, 43 (6): 993-1005.

[3] Falciglia P P, Scandura P, Vagliasindi F G A. Modelling of in situ microwave heating of hydrocarbon-polluted soils: Influence of soil properties and operating conditions on electric field variation and temperature profiles [J]. Journal of Geochemical Exploration, 2017, 174: 91-99.

[4] 吴雷, 吴红艳, 邱丝雯, 等. 有机污染土壤微波修复技术中吸波剂的研究进展 [J]. 材料导报, 2023, 37 (19): 266-274.

[5] Vela G R, Wu J F. Mechanism of lethal action of 2, 450-MHz radiation on microorganisms [J]. Applied and Environmental Microbiology, 1979, 37 (3): 550-553.

[6] Banik S, Bandyopadhyay S, Ganguly S. Bioeffects of microwave—A brief review [J]. Bioresource Technology, 2003, 87 (2): 155-159.

[7] Tan S, Wang H, Peng R. A review on combined biological effects of microwave and other physical or chemical agents [J]. International Journal of Radiation Research, 2018, 16 (2): 139-153.

[8] Adair E R, Petersen R C. Biological effects of radiofrequency/microwave radiation [J]. IEEE Transactions on Microwave Theory and Techniques, 2002, 50 (3): 953-962.

[9] Davis F S, Wayland J R, Merkle M G. Ultrahigh-frequency electromagnetic fields for weed control: Phytotoxicity and selectivity [J]. Science, 1971, 173 (3996): 535-537.

[10] Barker A V, Craker L E. Inhibition of weed seed germination by microwaves [J]. Agronomy Journal, 1991, 83 (2): 302-305.

[11] 马思鹏, 靳红玲, 赵亚君, 等. 微波加热土壤仿真模型的建立及其除草消毒效果研究 [J]. 西北农林科技大学学报 (自然科学版), 2022, 50 (8): 146-154.

[12] Rahi G S, Rich J R. Potential of microwaves to control plant-parasitic nematodes in soil [J]. J Microw Power Electromagn Energy, 2008, 42 (1): 5-12.

[13] Khan M J, Jurburg S D, He J, et al. Impact of microwave disinfestation treatments on the bacterial communities of no-till agricultural soils [J]. European Journal of Soil Science, 2020, 71 (6): 1006-1017.

[14] Li Q, Sun X, Zhao C, et al. Effect of microwave treatment at 2.45GHz on soil physicochemical properties and bacterial community characteristics in phaeozems of northeast china [J]. Agronomy, 2023, 13 (2): 600.

[15] Sartorato I, Zanin G, Baldoin C, et al. Observations on the potential of microwaves for weed control [J]. Weed Research, 2006, 46 (1): 1-9.

[16] Sun X, Zhao C, Yang S, et al. Simulations and experiments of soil temperature distribution after 2.45GHz long-term microwave treatment [J]. Agriculture, 2022, 12 (7): 909.

[17] 徐常青, 陈君, 韩兴国, 等. 大功率微波防治大棚甜瓜及盆栽黄瓜根结线虫研究 [J]. 中国蔬菜, 2013 (2): 76-81.

[18] 王振跃, 施艳, 刘存祥, 等. 微波消毒对土壤中病原微生物的防治效果 [J]. 河南农业科学, 2010 (12): 92-94.

[19] Song W, Chang X, Wu L, et al. Analysis of microwave irradiation on the lethal conditions for insect pest in rice and its influence and regulation on the quality of rice [J]. International Journal of Food Engineering, 2023, 19 (5): 187-197.

[20] 王正, 毛罕平, 韩绿化, 等. 升降式微波土壤处理机设计与试验 [J]. 农机化研究, 2015, 37 (4): 103-106.

[21] 李月章. 插入式微波土壤杀菌灭虫装置 : CN 03216232.4[P]. 2004-03-31.

[22] 王明友, 肖宏儒, 宋卫东, 等. 微波土壤处理技术在设施农业中的应用 [J]. 中国农机化, 2012 (5): 104-106.

[23] 叶菁华, 朱铧丞, 杨阳, 等. 基于多物理场仿真对螺旋推进器提高微波加热均匀性的分析 [J]. 真空电子技术, 2016 (4): 1-6.

[24] 李昊儒 . 基于多物理场耦合对医疗废物微波灭菌设备的仿真和优化 [D]. 青岛: 青岛科技大学, 2022.

[25] 马玉荷, 田晓菊, 王应强, 等. 热风温度对苹果丁微波对流耦合加热干燥特性与品质的影响 [J]. 食品与发酵工业, 2024, 50 (16): 77-84.

[26] 郭朔，李玥，隋茜茜，等．桑葚热风 - 微波联合干燥动力学模型建立及风味分析 [J]．食品研究与开发，2025, 46 (6): 38-48.
[27] Baro R K, Kotecha P, Anandalakshmi R. Optimization of continuous-flow microwave processing with static mixers for enhanced heating uniformity [J]. Food and Bioproducts Processing, 2025, 149: 401-414.
[28] Pei J, Huang D, Fu Y, et al. Drying performance of gastrodia elata by intermittent microwave combined with hot air drying [J]. International Communications in Heat and Mass Transfer, 2025, 165: 109089.
[29] 上海远跃轻工机械有限公司．一种新型微波设备加热腔：201020110838.3[P]. 2010-10-13.
[30] 郭楠．整胎连续化微波裂解装置的设计与实验研究 [D]．青岛：青岛科技大学，2018.
[31] 夏文鹤，官文婷，孟英峰，等．钻柱内孔变径结构条件下微波传播衰减规律研究 [J]．微波学报，2018, 34 (5): 90-96.
[32] Khan M J, Brodie G I, Gupta D, et al. Microwave soil treatment improves weed management in australian dryland wheat [J]. Transactions of the ASABE, 2018, 61 (2): 671-680.
[33] Behzadi M A, Dayyari S, Akbarian H, et al. Design and fabrication of a microwave weed killer device for weed control applications [J]. International Journal of Engineering, 2019, 32 (7A): 7.
[34] 王明友，肖宏儒，宋卫东，等．微波处理对温室连作土壤中根结线虫的影响 [J]．中国农机化学报，2013, 34 (4): 95-99.
[35] 上海烟草集团有限责任公司，中国农业科学院烟草研究所（中国烟草总公司青州烟草研究所）．针对土壤中细菌病害的微波防治装置: 202222302036.8[P]. 2023-01-03.
[36] 广州机械设计研究所．一种土壤微波处理机: 201922396530.3[P]. 2020-11-03.
[37] 李昊儒，刘杰，孟祥文．螺旋推进器影响多功率微波加热系统加热均匀性的仿真分析 [J]．工业加热，2022, 51 (12): 36-41.
[38] Lin J, Cui C, Sun S, et al. Enhanced combined H_2O/CO_2 reforming of sludge to produce high-quality syngas via spiral continuous microwave pyrolysis technology: CO_2 reforming mechanism and H_2/CO directional regulation [J]. Chemical Engineering Journal, 2022, 434: 134628.
[39] 马登成，刘壮壮，刘双鹤．微波 - 热风混合加热沥青路面回收料仿真分析 [J]．哈尔滨工业大学学报，2024, 56 (12): 143-154.

第6章

其他热物理灭杀技术

6.1 激光灭杀技术

6.1.1 工作原理

激光的本质是“受激辐射光放大”。其产生过程为：激光器内的工作物质在实现粒子数反转后，通过受激辐射产生光子，再经谐振腔的增益放大作用，最终输出具有高相干性的光束。这种光束具备单色性优异、方向性极强、光谱线宽极窄及亮度极高的特性，目前被广泛应用于医疗、通信、工业等多个领域。随着激光器制造成本的降低，激光技术在农业领域的大规模应用正从理论转化为现实。而激光灭杀技术正是这一转化过程中的关键。

激光灭杀技术是一种利用高能激光束精准灭杀病虫草害的物理方法。该技术利用了生物体对光的吸收具有选择这一特性。研究表明，特定波长的光可与害虫细胞内的生物分子发生特异性结合。当采用会被害虫细胞强烈吸收的特定波长光进行辐照时，光能将高效转化为化学能，进而引发光化学反应。强激光的生物热效应则从另一维度强化了对害虫的杀伤效果。高能量密度的激光束作用于害虫时，其携带的能量迅速转化为热能，致使细胞内温度急剧升高。这种异常高温会破坏害虫细胞内的正常新陈代谢，使蛋白质发生不可逆变性，显著降低其生物活性。最终，害虫因细胞功能丧失而死亡，或因生殖系统受损而丧失正常的发育和繁殖能力。而激光除草呈现出显著的波段特异性与组织靶向性。中红外波段激光可被植物表层组织中的水分高效吸收，通过强烈的热效应诱导细胞内水分瞬间汽化，造成表皮细胞破裂与组织灼伤；近红外波段激光则能穿透表层组织，与木质素等次生代谢产物发生特异性作用，诱发其分子结构变性，进而导致茎秆、根系等深层组织的机械强度丧失与生理功能损伤。总体而言，当激光束照射到病虫草害时，其高能量被目标生物体迅速吸收，转化为热能，导致局部温度急剧上升。这种瞬间的高温使细胞内的蛋白质变性、酶失活以及细胞膜破裂，从而破坏其生理功能，达到杀灭效果。

6.1.2 研究现状

国外对激光灭杀技术在农作物病虫草害防治领域的研究起步较早，取得了一系列重要成果。Wilde 是最早开展相关研究的学者之一。他利用激光对多种节肢动物进行处理，观察到节肢动物出现了组织损伤，细胞结构完整性也遭到了破坏，证明激光可以灭杀病虫草害。从那时起，许多研究人员开始探索激光技术在农业中的应用。Marx 开展了不同波长激光对害虫作用效果的系统性研究。实验结果表明，720 ～ 800nm 的激光对软体害虫具有显著的致死效应，其能量可以穿透害虫体表，直接作用于内部组织，破坏害虫生理机能；1064nm 的激光在大面积的农田应用中展现出了良好的适用性，因其对植物叶片的穿透深度有限，光能吸收导致的热损伤较小，所以可以在保障作物安全的前提下实现害虫防治；1908nm 和 10600nm 的激光与害虫体内水分、蛋白质等物质的吸收峰高度契合，单脉冲辐射即可被害虫高效吸收，进而引发强烈的热效应和光化学效应，为精准靶向害虫提供了理论依据。美国 Carbon Robotics 公司研发的激光除草机器人采用了高功率激光束对杂草进行精准打击，能够在不使用化学除草剂的情况下，有效地控制农田杂草，提高了除草效率和精度。

国内对激光灭杀技术的研究也在逐渐兴起。李亚军用 450nm 激光对油菜青虫幼虫进行照射，系统探究了激光功率、照射面积、照射位置以及开始时间等关键因素，通过科学实验分析，最终确定了控制油菜青虫幼虫的最优工作参数。次年，李亚军等提出基于双目视觉的激光害虫控制三维定位系统。该系统有机融合了掩模区域卷积神经网络、害虫骨架提取算法以及多约束立体匹配技术，构建起高精度的害虫空间定位体系，能够快速、精准地捕捉害虫位置信息，从而为激光照射害虫提供精确的靶向指引。哈尔滨工业大学李昊阳成功验证了激光扫描技术在植物抑制领域的有效性，并对激光作用于生物组织的划切效应展开了系统性探究。该研究聚焦于激光功率、扫描速度与离焦量等关键参数，深入探讨了其对划切宽度的影响机制，为激光除草技术的实际应用提供了理论依据。中国农业大学何雄奎团队成功研制出移动升降式激光智能除草装备，并系统开展了激光除草能耗数据采集与损伤机理研究。该研究团队针对藜草、刺苋、狗尾草及牛筋草四种常见田间杂草，精准测定了激光作用下的致死能量阈值，并分析了不同激光照射距离、时间条件下杂草生理特性变化规律，为后续激光智能除草装备设计和优化提供了数据支持和理论依据。

尽管激光灭杀技术在农作物病虫草害防治领域取得了一定的进展，但目前仍存在一些问题需要解决。激光灭杀设备的成本较高，限制了其在农业生产中的大规模应用。激光对不同种类病虫草害的防治效果存在差异，需要进一步优化激光参数和防治方案，以提高防治的针对性和有效性。激光灭杀设备在除草方面研究较多，后续应加强对除虫方面的研发。

6.1.3 典型装置及运行参数

（1）手持式激光灭杀装置

设备类型：小型手持激光器，由手持握把和简单的瞄准装置组成。

适用场景：小面积农田、温室大棚内的局部病虫草害防治，以及对一些零散病虫草害的精准处理。

作业方式：操作人员手持激光装置，对准目标区域（如杂草基部或害虫聚集处）进行灭杀。

作业特点：操作便捷，能够及时控制病虫害的扩散。但是激光器功率相对较低，作业范围有限，长时间使用容易导致操作人员疲劳，不适合用于大面积的病虫草害防治作业。

（2）车载式激光灭杀装置　Cordova-Cardenas 研发了一款适用于农田与农场场景的激光机器人，如图6-1所示。该自主作业设备集成了先进的路线规划系统，能够在优化运动轨迹的同时精准驱动高功率激光设备，为窄行作物（如小麦、大麦）和宽行作物（如甜菜、玉米）开展治理工作。得益于高效的路径规划与智能作业模式，该激光机器人显著缩短了操作耗时，大幅提升了农田管理的工作效率。

图6-1　车载式激光灭杀装置

设备类型：通常由拖拉机搭载，配备高功率激光器。

适用场景：适合大面积农田的病虫草害防治。

作业方式：通过车辆（拖拉机、农用卡车等）提供稳定的动力来源和移动平台，搭载高功率的激光器，对大面积的病虫害和杂草进行高效灭杀。

作业特点：在大面积的小麦、玉米等粮食作物种植区，车载式激光灭杀装置可以快速地在田间行驶，对大面积的病虫害和杂草进行高效灭杀，大大提高了防治效率。但是车载式装置的灵活性相对较差，在一些狭窄的田间小道或地形复杂的区域，行驶和作业会受到一定限制，而且成本较高，对使用者的经济实力有一定要求。

（3）无人机搭载式激光灭杀装置

设备类型：由无人机搭载，配备高效激光器，如图 6-2 所示。

适用场景：山区农田、梯田等。

作业方式：利用无人机作为飞行平台，携带小型但高效的激光设备。无人机具有机动性强、操作灵活的特点，可以在复杂地形和难以到达的区域进行作业。

作业特点：机动性强、操作灵活，能够快速响应病虫草害的发生情况，实现对病虫害的及时监测和精准灭杀。但是无人机的续航能力有限，载荷也相对较小，激光器功率一般不会太大。目前主要适用于对病虫草害的早期监测和小规模防治，对于大面积、严重的病虫草害防治，还需要与其他类型的装置配合使用。

图 6-2　无人机搭载式激光灭杀装置

6.1.4 应用案例分析

在科技高速发展且农业现代化需求日益迫切的时代背景下，哈尔滨工业大学机器人技术与系统全国重点实验室联合华工科技成功研发出中国首台全天候智能激光除草机器人，如图 6-3 所示。该技术作为革命性的物理靶向除草方法，利用高能量密度的激光束直接照射杂草，使杂草叶片内部细胞在瞬间高温下迅速脱水、破裂，从而达到除草目的，实现了农业除草技术的重大突破，可为现代农业可持续发展提供关键技术支撑。

图 6-3　激光除草机器人

激光除草技术凭借高能激光束的强大破坏力，能够瞬间瓦解杂草细胞壁与细胞膜，实现高效除草。以哈工大研发的激光除草机器人为例，其田间试验数据令人瞩目，1h 即可清除 10 万棵杂草。相较于传统人工或机械除草方式，该技术大幅压缩了作业时长，单台激光器每小时便能处理约 1ha 草地，极大提升了农业生产效率。从环保角度来看，激光除草彻底告别了化学药剂，从源头上规避了传统化学除草剂对土壤、水源及周边生态环境的污染，是践行绿色农业理念的典范。这种环境友好型除草方式，对于守护农业生态环境意义深远。同时，与传统机械化除草设备相比，激光除草机器人能耗更低，能够有效降低能源消耗与碳排放，高度契合全球节能减排趋势，可为农业绿色低碳转型提供助力。在精准作业方面，激光除草技术深度融合了深度学习的人工智能技术。其 AI 智能识别系统借助图像分类、目标检测技术，并结合本地分布式边缘计算技术，可在移动作业过程中，快速、精准且实时地识别定位农田中的农作物与杂草。凭借这一精准识别能力，既能精准清除杂草，又能避免误伤作物，可为农作物生长营造良好环境。

哈工大研发的激光除草技术在提高除草效率、保护环境等方面展现出显著优势，为农业除草技术革新提供了新方向，是“AI+ 农业”融合发展的重要成果，对推动农业现代化和可持续发展具有积极意义。然而，该技术存在的成本高、地形和天气条件限制、作用受限及安全隐患等问题也制约着其广泛应用。在未来的发展中，相关研发团队和企业需进一步优化技术，通过技术创新降低设备成本；加强对不同地形和天气条件下的适应性研究，拓展技术应用场景；深入探索如何更彻底地除草，且减少对土壤生态的影响；完善安全管理措施，保障人员和动物安全。随着技术的不断改进和完善，激光除草技术有望在农业领域发挥更大的价值，为我国农业装备向高端化、智能化发展持续贡献力量。

6.2 电灭杀技术

6.2.1 工作原理

电灭杀技术是一种利用高压电场或电流灭杀病虫草害的物理方法。土壤电消杀法和高压脉冲电场就是电灭杀技术中常见的方法。高压脉冲电场应用范围广泛，对微生物具有良好的灭杀效果（在脉冲电场作用下，病虫草害的细胞结构受到破坏），并且不会产生污染和有害化学物质残留。土壤电消杀法就是指通过在土壤中通入直流电或正或负脉冲电流引起的电化学反应生成物以及电流来杀灭土壤微生物、根结线虫、蚯蝓等土壤病原和分解前茬作物根系分泌的有毒有机酸的物理植保方法。土壤电消杀法是适用于温室、大棚及露地等多种场景的综合性土壤改良技术，可有效应对病虫害滋生、根系有害分泌物积累、土壤物理性缺素症等连作障碍问题，尤其在盐碱地改良方面展现出独特优势。该技术通常在土壤表层布设电极线，通入直流电后触发土壤内剧烈的物理化学反应。通电过程中，土壤中会产生氯气、臭氧及酚类气体，这些强氧化性物质通过在土壤团聚体间隙扩散，实现对病原菌和有害微生物的高效灭杀。与此同时，直流电还会显著改变土壤团聚体与胶体的结构特性，重塑土壤氧化还原电位与水环境，使土壤微生物生存环境发生根本性变化，进而调节微生物种群结构，抑制有害菌群活性，增强有益微生物功能，最终达到消除重茬病害、改善土壤生态的目的。

6.2.2 研究现状

在全球农业绿色转型与可持续发展的时代背景下，为规避化学农药对土壤生态系统的污染风险，维护土壤健康与土地长效供给能力，各国正在根据自身情况用不同的方法代替化学药剂对病虫草害进行杀灭。20 世纪中叶，美国食品和药品管理局给出了高压脉冲电场灭菌技术的定义——就是把脉冲电场施加到置于两个电极之间的物料上，以达到灭杀效果。Sale 和 Hamilton 研究发现高压脉冲电场对微生物有很好的杀灭效果，在高压脉冲电场的作用下，可以在短时间内对多种微生物进行杀灭。张韵然提出了高压脉冲地下电子杀虫技术。其核心原理就是通过高频振荡电路将直流电转换为低压高频交流电，再经升压电路和电容放电，形成电场强度、脉冲个数、脉宽等参数可调的高压脉冲产生电路。该电路由储能电容器组、电压调节器、保护电路及高压变压器等部件构成，可实现对输出参数的精准控制。实际应用中该技术采用网状地下布线方式，以太阳能供电，是一种环保节能、安全高效且适用于设施农业生产的农药替代杀虫方法。陈颖研究发现，在连作土壤中应用电处理消杀技术能够有效减少土传病害的发生，降低农药使用成本，同时增加作物种植茬数，从而显著提高种植收益。但使用电处理消杀时要注意土壤含水量应低于40%，并使用安全电压消除短路故障。陈曦运用3DT-480型土壤连作障碍电处理机对受根结线虫危害的土壤进行了处理，研究发现延长通电时间可有效提高对土壤及根际根结线虫的杀灭效果。当通电时间延长至6min时，土壤和根际的根结线虫数量趋近于零，且通电处理后黄瓜的每株数量和产量均有所提升。这表明土壤电处理技术在解决根结线虫导致的作物减产和病害问题上效果显著，具有一定的应用前景。

电处理技术的优势在于快速、高效和非化学性，能够在不使用农药的情况下实现病虫草害的灭杀，避免了农药残留和环境污染。同时，该技术适用于多种作物和环境条件，特别是设施农业和有机农业。然而，电处理技术需要精确控制电场强度、作用时间和电流参数，以避免对作物或土壤生态系统造成负面影响。总体而言，电灭杀技术是一种高效、环保的病虫草害防控方法，符合现代农业绿色发展的需求。但其设备成本和能耗较高，目前多用于小范围精准防控或研究领域。

6.2.3 典型装置及运行参数

（1）电击式杀虫灯

设备类型：主要包括诱虫光源、高压电网和收集装置，如图6-4所示。

适用场景：应用较为普遍的一种杀虫灯。

作业方式：诱虫光源多采用能发出特定波长光线的灯管，如常见的黑光灯，其发出的365nm左右的紫外线对大多数害虫具有强烈的吸引力。高压电网一般由金属丝制成，环绕在诱虫光源周围，电压通常在2000～3000V之间。当害虫被光源吸引飞向杀虫灯并接触到高压电网时，会瞬间受到强大电流的电击，导致虫体温度急剧升高、蛋白质变性，从而达到杀虫的目的。

作业特点：杀虫效果显著，能够快速杀死大量害虫，且结构相对简单。但是在诱杀害虫时容易产生火花，在农作物成熟期可能存在引发火灾的风险。同时，电击过程中会使害虫尸体破碎，产生的碎片可能污染环境，且对一些小型害虫的捕杀效果相对较差。

图 6-4　电击式杀虫灯

（2）高压电除草机

设备类型：包括电源、高压发生器和电极等部分，如图 6-5 所示。

图 6-5　高压电除草机

适用场景：适合大面积农田。

作业方式：电源为设备提供电能，高压发生器将低电压转换为高电压，一般可产生数千伏甚至上万伏的高压。电极通常安装在除草机的工作部件上，如金属杆或金属网。当电极靠近杂草时，高压电在杂草与电极之间形成电场，使杂草细胞内的水分和离子发生剧烈运动，导致细胞膜破裂、细胞内容物泄漏，最终杂草因生理功能丧失而死亡。

作业特点：除草效率较高，对于一些大面积的杂草区域，能够快速进行处理。同时，不使用化学药剂，不会对土壤和环境造成污染，符合绿色农业的发展要求。

但是高压电除草机的操作需要一定的技术和安全措施，以防止操作人员触电。另外，对于一些根系较深或生长密集的杂草，可能需要多次处理才能达到理想的除草效果，且机构成本较高。

（3）高压静电场杀菌装置

设备类型：它通过在两块平行电极板之间产生高压静电场来工作。

适用场景：适合大面积农田。

作业方式：低压电源（220V）经电子线路处理后转换成连续可调的稳定直流高压电，在电极板之间形成高压静电场。高压静电场对病害微生物的作用机制主要包括改变膜电位、影响呼吸系统电子传递、杀菌、引起细胞膜穿孔等。当病害微生物处于高压静电场中时，细胞膜电位会发生改变，影响细胞的物质运输和能量代谢，从而抑制微生物的生长和繁殖。

作业特点：节能环保，整个电场无剧烈放电现象，电场的电流很小，处理过程中消耗的电能也很少。此外，它还可以在一定程度上诱导果实产生抗逆性，延缓果实衰老，改善果实品质。但是其设备成本相对较高，且对使用环境和操作技术有一定要求。

6.2.4 应用案例分析

温室土壤线虫是威胁作物生长的主要病害之一，尤其对番茄、甜瓜等作物影响严重，经常导致采收期整棚枯萎、果实变质甚至绝收。传统防治方法，如化学药剂、轮作、高温法等存在效果差、残留高或者操作复杂等问题。在此背景下，土壤电消杀法因无药残、高效可控的特点，成为线虫防控的创新方案。

案例 1：对于温室土壤线虫病害的电处理方式。

结构：3DT-90 型土壤连作障碍电处理机包括主机、钛合金 / 不锈钢电极线、电极把等硬件，如图 6-6 所示。电极布设分为平面（埋深 30 ～ 40cm，间隙 30cm）和立体（上下电极组合，上电极深 5 ～ 10cm）两种方案，可适应不同处理场景。

运行参数：主机最大功率 1.2kW，电压 90V。

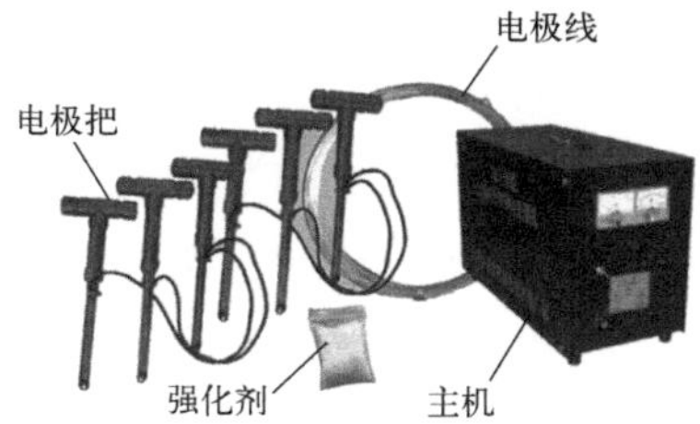

(a) 土壤电处理机具

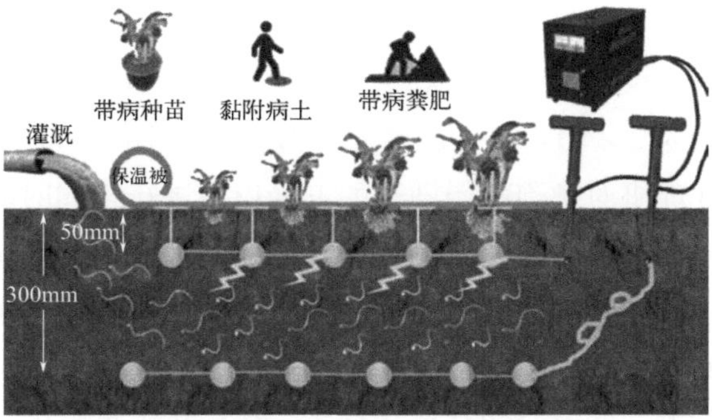

(b) 土壤电处理电极立体布设方案示意图

图 6-6　3DT-90 型土壤连作障碍电处理机

实验过程：空地处理在前茬收获后进行，采用平面与立体混合布设，覆盖保温膜，总处理时间 12h；秧田处理则在作物生长期分阶段进行，如番茄在移植后第 5、7、9 周各处理 3 ～ 4h，黄瓜在第 5、7、9、14 ～ 16 周增加处理频次。

实验结果：在番茄根结线虫防治中，空地处理前浇灌 3% 强化剂，平面处理 5 ～ 6h 后进行立体处理 8 ～ 10h，可使线虫病发生率降低 62%；生长期分阶段处理后，总发生率可降低 85% 以上。在黄瓜根结线虫防治中，空地处理时间延长至 10 ～ 12h，生长期重点在第 14 ～ 16 周处理，可控制线虫基数减少 1/3 ～ 1/2。

能耗成本：300 ～ 400m^2 的田地一个生长季处理 4 次，耗电量为 24 ～ 26.4kW·h，电费为 14.4 ～ 15.84 元。不锈钢电极布设 667m^2 的成本为 230 ～ 260 元（寿命 3 ～ 5 年），钛合金电极为 6000 ～ 7000 元（寿命 10 年），长期使用成本低。

实施要点：电极需采用立体布设，上电极紧贴作物根系，育苗土需高温灭虫或隔离处理。土壤持水量控制在 30% ～ 45% 时处理效果最佳，黄瓜处理需谨慎使用强化剂。

玉米作为我国第三大粮食作物，其生产与国民经济可持续发展密切相关。辽宁省作为重要玉米产区，常受多种真菌病害威胁。其中，镰孢菌（尤其是串珠镰孢菌）分离频率达 90% 以上，可引发苗病、茎基腐病等，严重影响玉米生长。传统化学防治易导致环境污染和作物依赖，因此探索物理防治技术具有重要意义。

案例 2：土壤电消毒技术对大连市炮台镇玉米根际土壤中镰孢菌数量的影响。

结构：3DT-480 型土壤连作障碍电处理机。设置不同电极距离（4110mm、750mm、500mm）和通电时间（2min、6min、10min、60min）进行处理。

实验过程：选用经 50% 多菌灵消毒的玉米田土，接种扩大繁殖的串珠镰孢菌，设置未接种的对照组，每组用地 66.7m^2；未接种土壤中串珠镰孢菌的初始数量为 2×10^3CUF/g，接种后增至 11×10^3CUF/g。选用 3DT-480 型土壤连作障碍电处理机对镰孢菌侵染过的玉米田地进行不同时间和不同电极间距的电处理。

实验结果：电极距离 750mm、通电 10min 时，串珠镰孢菌的数量从 11×10^3CUF/g 降至 0.06×10^3CUF/g；电极距离 500mm、通电 10min 时，数量降至 0.04×10^3CUF/g。相同通电时间下，电极距离越小，残留菌数越少；相同电极距离下，通电时间延长（如 60min）可使菌数几乎为零。

最佳参数确定：综合成本与耗电量，最佳处理为通电 10min，电极距离选取 500mm 或 750mm。

上述案例可以证明土壤电消杀技术通过电物理效应实现了对病虫草害的高效防控，在番茄、黄瓜、玉米等作物上兼具防治效果与经济可行性，为解决病虫草害提供了可持续的物理方案。该技术的推广可有效替代高毒化学药剂，推动温室蔬菜产业的绿色发展。

6.3 射频处理灭杀技术

6.3.1 工作原理

除了微波技术以外，射频技术也属于电磁波加热技术。但两者在频率范围、作用机制等方面存在些许差异。射频是一种无需任何热传导过程、物料内外部同时加热升温的快速加热新技术，其本质是频率介于 3kHz ～ 300MHz 之间的高频交流电磁波。为了避免射频频率波段对通信产生干扰，美国联邦通信委员会规定了应用于工业、科研等领域的 3 个射频加热频率范围，分别为 13.56MHz、27.12MHz 和 40.68MHz。在处理过程中，电磁波能够穿透物体内部，使物体内部的电离子或偶极分子受到激发。这些被激活的粒子会发生剧烈的相互运动与碰撞，在此过程中，电能转化为热能，最终实现对物体的加热。射频加热原理如图 6-7 所示。在农作物病虫草害防治中，射频灭杀技术应用的正是这一原理，即将含有病虫害的农作物或土壤置于射频电场中，使病虫害所处

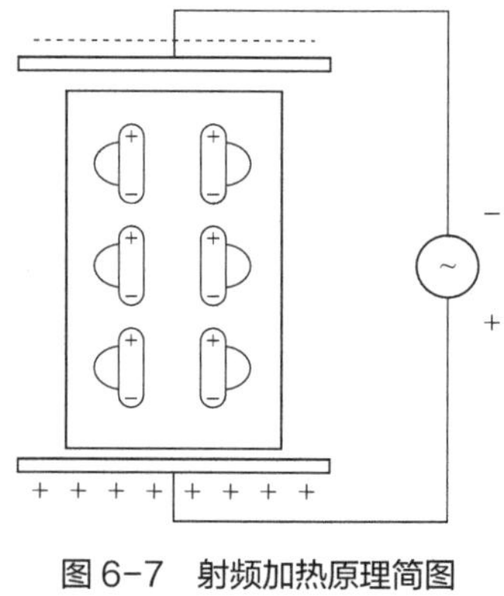

图 6-7　射频加热原理简图

的环境温度及其体内温度迅速升高。由于蛋白质是构成病害虫身体结构，维持其生理功能的重要物质，当病害虫体内温度升高时，其体内蛋白质分子的热运动会加剧，导致蛋白质结构被破坏，从而失去原有的生理活性。例如，在土壤消毒中，射频加热可以使土壤中的有害微生物、害虫和杂草种子等在短时间内吸收射频能量，温度升高，生理活性受到抑制甚至死亡，同时又能减少对土壤中有益微生物的影响，保护土壤生态环境。

6.3.2 研究现状

射频加热技术在土壤消毒领域的应用还处于起步阶段，参考资料较少，因此结合其在农副产品加工等领域的现有应用成果，可为土壤射频消毒技术的发展提供重要思路。美国加州大学戴维斯分校成功试制了室内固定密封式射频样机，并围绕盒饭、果汁、墨西哥萨尔萨酱及水稻等对象，系统开展了射频加热杀菌消毒研究。相关成果验证了该技术在食品与农产品领域的显著应用价值。Wang 针对美国核桃中最常见且耐热性最强的脐橙螟虫开展了射频杀虫技术研究。研究表明射频的选择性加热发挥了重要作用，害虫体温最多高出核桃仁内核温度 20℃，在核桃仁气味、颜色、口感均无明显改变的情况下，射频可以在短时间内将核桃害虫灭杀。与此同时，国内科研团队也积极探索了射频技术的新应用，部分学者已开展射频处理试验的研究，这些探索为射频处理装备的研发开辟了全新路径，有望推动射频处理灭杀技术的革新。张学进采用功率 12kW 的射频发生器对土壤实施了加热消毒处理。当加热时长为 15min 时，土壤温度能够攀升至 52.6℃，这一温度条件足以杀灭土壤中大部分根结线虫；而将加热时间延长至 18min，土壤温度进一步提升至 61.7℃，此时可有效杀灭土壤中所有根结线虫及各类病原菌，从而充分实现土壤消毒的预期目标。大豆等常用的消毒方法是甲基溴、磷化氢熏蒸，但甲基溴对大气臭氧层有明显的破坏作用，不利于可持续发展，后被磷化氢替代。而国际粮农组织研究发现，越来越多品系的害虫对磷化氢产生了严重的抗药性。黄智基于 COMSOL 多场分析平台求解了射频加热大豆物料的电磁能 - 热能转化方程及传热平衡方程，并结合温度测试分析了射频对害虫、大豆的选择性加热特性，探索了采用辅助材料改善射频加热均匀性的可行性。

6.3.3 典型装置及运行参数

（1）土壤射频消毒电极装置　在土壤射频消毒技术中，关键的环节是如何利用电磁波加热土壤，使得被加热土壤的温度均匀分布。根据射频加热原理，结合农田的工作环境，提出了一种土壤射频消毒电极装置，如图 6-8 所示。

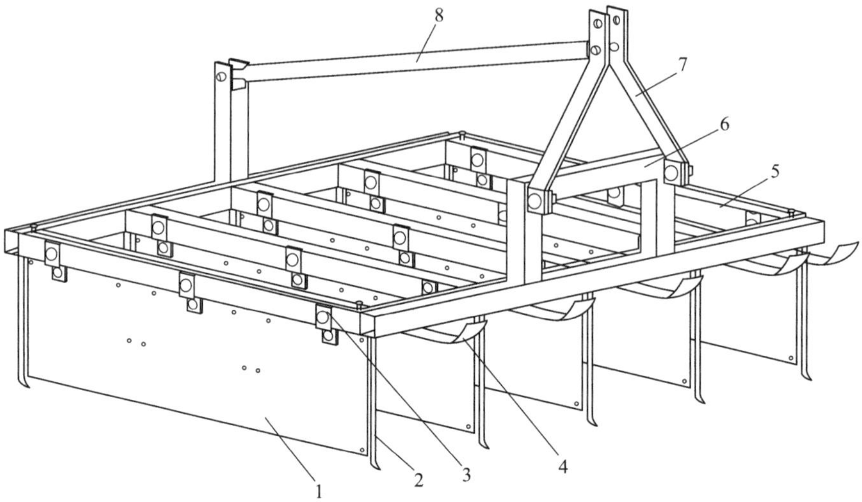

图 6-8　土壤射频消毒电极装置

1—电极板；2—开沟器；3—之字形连接板；4—铜带；
5—防辐射板；6—框架；7—三点悬挂连接结构；8—斜拉杆

设备类型：该设备包括电极板、开沟器、铜带、防辐射板框架、三点悬挂连接结构和斜拉杆；所述框架中均匀地安装有多组电极板，所述电极板是对土壤进行加热的直接接触部件，每两组电极板之间形成一个独立的射频场。

适用场景：适合大面积农田。

作业方式：开沟器开沟使电极板入土，而铜片的均匀排布使得电压在电极板上均匀分布，进而在电极板间形成均匀的射频场。这一射频场使土壤温度上升，从而杀死土壤中的害虫，使杂草种子失活。

作业特点：该设备对土壤无污染，且操作简单，是一种环境友好的土壤消毒装置，但是对使用环境有一定要求。

（2）分区间歇式土壤消毒装置　加热不均匀是制约射频应用的主要因素之一。分区间歇式土壤消毒装置构建了一种解决加热不均匀、消毒不彻底的方法，提高了射频消毒的效果，如图 6-9 所示。

设备类型：包括射频发生器、匹配器、转换器、电极及屏蔽箱等。

适用场景：适合大面积农田。

作业方式：射频发生器将射频信号传递给匹配器，匹配器与转换器相接，获得信号后传递给屏蔽箱中的电极，电极接收到信号后释放高频交流电场对土壤进行加热。本装置同时布置若干对电极，将土壤分成若干个土壤区，每次只有一对电极进行工作，循环间歇性加热。当循环次数或温度达到设定值时就停止加热。在一个区域加热时，不加热的区域通过热传导的方式使温度分布更均匀。

作业特点：解决了射频处理病虫草害加热不均匀、消毒不彻底的问题，提高了射频消毒的效果。但是该设备成本相对较高，且对使用环境有一定要求。

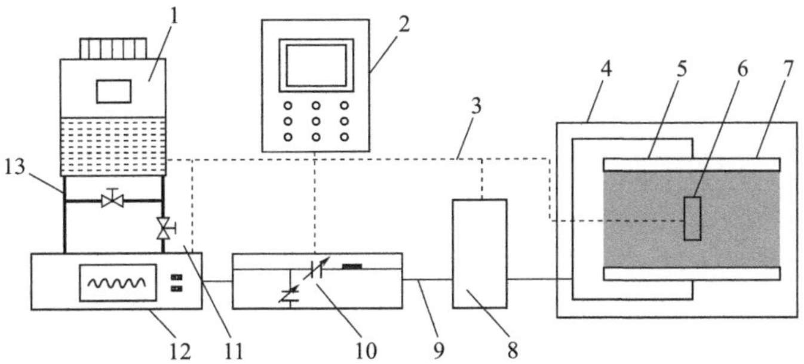

图 6-9　分区间歇式土壤消毒装置

1—冷却系统；2—工作系统；3—控制线缆；4—屏蔽箱；5—电极；6—温度传感器；7—土壤；8—转换器；9—同轴电缆；10—匹配器；11—电磁阀；12—射频发生器；13—冷却管路

6.3.4　应用案例分析

我国西瓜种植规模庞大，年产量占世界西瓜总产量的 67% 以上。而枯萎病是一种由尖孢镰刀菌引起的严重危害西瓜生产的土传病害，茬地发病率可达 30%，严重地块发病率达 80%，常造成大幅减产，甚至绝收。但当前主流的防控手段面临显著技术瓶颈，如传统物理防治（热水、蒸汽）存在能耗高、处理效率低的问题；化学药剂防治易引起土壤微生态失衡与环境污染；生物防治则受限于作用周期长、防控效果不稳定。射频技术凭借介电加热效应与生物效应的协同作用，展现出高效杀菌、环境友好的独特优势，成为连作障碍防控的新兴技术方向。值得注意的是，单一射频处理可能对土壤有益微生物群落造成扰动，需与有机肥联用形成协同防控体系，以缓解该影响。

案例：射频处理与有机肥联用对基质连作西瓜枯萎病与产量品质的影响。

实验材料：连续种植 8 茬瓜类、枯萎病发病率超 50% 的木薯渣 - 泥炭 - 蛭石复配基质；苏梦 6 号西瓜品种。

实验设计：对照组（CK）；射频（S）；射频 + 有机肥（SF）；射频 + 有机肥 + 生物肥（SF+）。

实验过程：将基质装袋后用射频装置升温至 65℃并维持 20min，处理后回填栽培槽，铺设塑料布隔绝土壤。各处理组均施三元复合肥 650g 和尿素 70g；SF 组加施有机肥 9kg；SF+ 组加施有机肥 9kg 和生物肥 600g；坐果后每株追施复合肥 25g、尿素 20g，之后不再追肥。正常田间水分和病虫害防治管理。

实验结果：西瓜定植后 20d，对照组开始发病，而采用射频技术处理的基质未发病；定植后 30d，各处理组的枯萎病发病率与对照组相比有显著差异，S、SF、SF+ 处理的发病率相比对照组分别降低 8.34%、14.59%、12.50%。定植后 40d，各处理组的枯萎病发病率明显上升，对照组的发病率最高，达到 45.83%，而 S、SF、SF+ 处理的发病率分别为 33.33%、22.92%、20.83%。

上述案例提供了“物理处理 + 生物修复”的绿色解决方案，也证明了射频物理灭杀技术在农业领域具有广阔的应用前景。随着人们对农产品质量安全和生态环境保护的关注度不断提高，绿色、环保的物理防治技术将越来越受到青睐。

激光灭杀技术、电灭杀技术、射频灭杀技术三者均属于农业领域中新兴的热物理防治技术。其核心原理都是基于物理热效应，通过能量转化使目标生物体（病虫草害）温度升高，导致蛋白质变性、细胞膜破裂等生理功能破坏，最终达到杀灭效果。另外，它们均不依赖化学药剂，可避免农药残留和环境污染，符合绿色农业、可持续发展理念，适用于设施农业、有机农业等对生态安全要求较高的场景。但在作用机制、装置设计和应用场景上各有侧重，激光灭杀技术依赖光能的精准靶向，电灭杀技术依赖电场 / 电流的直接作用，射频灭杀技术依赖电磁波的整体加热，分别适用于不同的农业需求和场景。

参考文献

[1] 王立军，宁永强，秦莉，等．大功率半导体激光器研究进展 [J]．发光学报，2015, 36 (1): 1-19．

[2] 朱家健．激光技术在农业中的应用及其展望 [J]．农机化研究，2009, 31 (4): 222-225．

[3] Zhang H B, Cao D, Zhou W J, et al. Laser and optical radiation weed control: a critical review [J]. Precision Agriculture, 2024, 25 (4): 2033-2057.

[4] Wilde W H A. Laser effects on some phytophagous arthropods and their hosts [J]. Annals of the Entomological Society of America, 1967, 60 (1): 204-207.

[5] Marx C, Kiesow T, Hustedt M, et al. Application of NIR-lasers for the control of aphids and whiteflies [J]. Proceedings of the DGG-Proceedings, 2013, 3 (12): 1-5.

[6] 王毅平，王应宽．Carbon Robotics 推出可自主根除杂草的新型激光除草机 [J]．农业工程技术，2022, 42 (12): 117-118.

[7] Li Y J, Feng Q C, Lin J W, et al. 3D locating system for pests' laser control based on multi-constraint stereo matching [J]. Agriculture, 2022, 12 (6): 766.

[8] 李昊阳．激光除草方法及杂草识别研究 [D]．哈尔滨：哈尔滨工业大学，2023．

[9] Yu Z Y, He X K, Qi P, et al. A static laser weeding device and system based on fiber laser: Development, experimentation, and evaluation [J]. Agronomy, 2024, 14 (7): 1426.

[10] Cordova-Cardenas R, Emmi L, et al. Enabling autonomous navigation on the farm: A mission planner for agricultural tasks [J]. Agriculture, 2023, 13 (12): 2181.
[11] 康雅. 高压脉冲电场杀菌技术在橙汁中的应用 [J]. 饮料工业，2010, 13 (7): 8-10.
[12] 毕万新. 土壤电消毒的理论研究 [J]. 农业机械，2016 (4): 130-133.
[13] 徐志莹，陈波，魏振. 物理农业技术概述 [J]. 农业科技与装备，2011 (6): 103，104.
[14] 陈小天. 超声协同的高压脉冲电场液态食品灭菌及其处理室和发生器研究 [D]. 杭州：浙江大学，2020.
[15] Sale A J H, Hamilton W A. Effects of high electric fields on micro-organisms: Ⅲ. Lysis of berythrocytes and protoplasts [J]. Biochimica et Biophysica Acta (BBA)-Biomembranes, 1968, 163 (1): 37-43.
[16] Sale A J H, Hamilton W A. Effects of high electric fields on microorganisms: Ⅰ. Killing of bacteria and yeasts [J]. Biochimica et Biophysica Acta (BBA)-General Subjects, 1967, 148 (3): 781-788.
[17] 张歆然，莫文东，刘振宇. 设施农业高压脉冲地下杀虫技术 [J]. 农业与技术，2015, 35 (12): 28, 29.
[18] 陈颖. 土壤连作障碍电处理技术提升设施蔬菜生产试验 [J]. 农业工程，2013, 3 (S1): 81, 82.
[19] 陈曦. 土壤电处理技术防治黄瓜土壤根结线虫试验 [J]. 农业工程，2019, 9 (3): 104-106.
[20] 马正义，刘滨疆，张清江. 温室土壤线虫病害的电处理方法 [J]. 农业工程技术 (温室园艺)，2006 (12): 20-23.
[21] 陈曦，马正义，刘滨疆. 土壤电消毒技术对大连市炮台镇玉米根际土壤中镰孢菌数量的影响 [J]. 农业工程，2012, 2 (S1): 47，48.
[22] Marra F, Zhang L, Lyng, J G. Radio frequency treatment of foods: Review of recent advances [J]. Journal of Food Engineering, 2008, 91 (4): 497-508.
[23] 刘嫣红，杨宝玲，毛志怀. 射频技术在农产品和食品加工中的应用 [J]. 农业机械学报，2010, 41 (8): 115-120.
[24] 郑阿娟. 玉米籽粒射频杀菌工艺研究 [D]. 咸阳：西北农林科技大学，2017.
[25] 高金明，葛珊，崔晓娜. 农产品和食品加工中射频技术的应用分析 [J]. 科技风，2016 (22): 6.
[26] 曹坳程，郭美霞，王秋霞，等. 世界土壤消毒技术进展 [J]. 中国蔬菜，2010 (21): 17-22.
[27] Wang S, Ikediala J N, Tang J, et al. Radio frequency treatments to control codling moth in shell walnuts [J]. Postharvest Biology and Technology, 2001, 22 (1): 29-38.
[28] 张学进，金永奎，张玲，等. 土壤射频消毒技术试验 [J]. 江苏农业科学，2018, 46 (23): 274-277.
[29] Zettler J L, Arthur F H. Chemical control of stored product insects with fumigants and residual treatments [J]. Crop Protection, 2000, 19 (8): 577-582.
[30] 沈兆鹏. 储粮熏蒸剂——现状和前景 [J]. 黑龙江粮食，2004 (6): 33-36.
[31] 黄智. 大豆射频加热过程有限元模拟及均匀性优化研究 [D]. 咸阳：西北农林科技大学，2018.
[32] 黄春艳，卜元卿，单正军，等. 西瓜连作病害机理及生物防治研究进展 [J]. 生态学杂志，2016, 35 (6): 1670-1676.
[33] 王夏雯，余翔，乔俊卿，等. 西瓜茬后种植稻麦对土壤微生物数量和西瓜枯萎病发生的影响 [J]. 江苏农业学报，2015, 31 (6): 1291-1295.
[34] 韩冰，金永奎，徐刚，等. 射频处理与有机肥联用对基质连作西瓜枯萎病与产量品质的影响 [J]. 江苏农业科学，2021, 49 (14): 104-108.

第7章

人工智能在热物理防治技术中的应用

热物理防治技术作为能源管理与土传病害防治领域的核心要素，正经历着从传统经验控制向智能化精准调控的方式转变。在全球“双碳”战略实施和能源成本持续攀升的背景下，高效热物理防治技术的需求呈现指数级增长态势。这一发展契机恰逢人工智能技术的高速演进，为热物理防治领域带来了前所未有的技术革新机遇。人工智能作为具有通用目的特性的颠覆性技术，已成为新一轮科技革命和产业变革的核心驱动力。《新一代人工智能发展规划》明确指出，人工智能不仅能够释放历次技术革命积蓄的能量，更能创造新的发展引擎，通过催生新技术、新产品、新业态，深刻重构人类生产方式与认知模式，最终实现社会生产力的整体跃升。值得注意的是，尽管农业领域的人工智能应用研究始于 20 世纪中后期，但由于行业特殊性，其发展深度和广度始终滞后于其他产业。

农业人工智能作为智慧农业的关键组成部分，并非简单的学科交叉，而是人工智能技术在农业领域的一次系统性实践，代表着传统农业在智能技术赋能下的转型升级。该技术贯穿农业生产全链条，覆盖种植业、畜牧业和渔业等主要领域，通过智能管理、精准调控和自动化作业，显著提升了生产效率与产品质量，同时降低了环境负荷，展现出巨大的应用潜力。本章将从智能监测、靶标识别、精准控温、能源管理及大数据驱动等维度，系统阐述人工智能在热物理防治技术中的应用前景与发展路径。各技术模块既相对独立又相互支撑，共同构成完整的智能热物理防治技术体系，为农业可持续发展提供创新解决方案。这种多技术融合的创新模式，不仅突破了传统热物理防治的技术瓶颈，更开辟了精准农业发展的新途径。

7.1 智能监测与靶标识别

7.1.1 病虫草害智能监测

（1）智能监测技术体系　利用物联网、传感器、人工智能（AI）、大数据、遥感等现代信息技术，实时、自动、精准地采集、传输、分析目标对象（如环境、设备、生物等）的状态或行为数据，并通过智能算法实现预警、决策或控制的综合性技术体系。其作为热物理防治体系的第一道防线，核心在于通过多源传感网络实时捕获土壤动态变化，并借助人工智能技术实现异常的早期识别与精准定位。现代热物理监测系统已从传统的单点测温发展为集成了物联网传感器、红外热成像、无人机遥感与卫星观测的立体化监测网络，能够实现从微观器件到宏观环境的多尺度温度场覆盖。这一技术演进使得热管理从被动响应转向主动预防成为可能，为后续的精准调控奠定了数据基础。土壤智能监测技术体系中就采用了分层架构设计，其核心组成包含四个紧密耦合的功能层级，形成了完整的“感知—传输—分析—决策”技术闭环。

① 感知层。由多源异构传感网络集成接触式土壤传感器与非接触式遥感设备，实现了从厘米级孔隙到公顷级田块的多尺度土壤参数监测。接触式土壤传感器通过与土壤直接接触，实时监测关键参数（如水分、温度、电导率、pH值等），为精准农业和环境监测提供数据支撑。其典型应用包括：基于介电原理的土壤水分 - 温度 - 电导率三参数传感器（如 TEROS 12）可同步检测病原菌活跃的湿热环境（如镰刀菌适宜EC值>1.5dS/m）；铂电阻温度传感器（PT100，±0.1℃精度）可监测土壤热处理过程中的温度梯度，确保 50 ～ 60℃的灭菌温度持续足够时长；氧化还原电位（oxidation-reduction potential，ORP）传感器可识别厌氧病原菌（如丝核菌）的滋生条件。这些传感器通过物联网组网（如 LoRaWAN）形成分布式监测系统，结合 LSTM 模型预测病害风险，指导靶向热物理消毒或生物菌剂投放，可使防治效率提升 40% 的同时减少非靶向土壤生态破坏。

非接触式遥感设备在土传病害防治中通过多光谱、热红外和高光谱遥感技术实现病害早期识别与精准防控。无人机搭载高光谱成像仪（400 ～ 2500nm 波段）可检测由病原菌侵染导致的作物叶片生化成分变化（如叶绿素含量下降 10% ～ 15%），结合热红外相机（8 ～ 14μm）可识别根系区域异常升温（温差 ≥ 2℃作为病害标志），实现病害发生前 7 ～ 10 天的预警（准确率 85%）。卫星遥感（如 Sentinel-2）通过 NDVI 指数时空变异分析定位病害扩散路径，而探地雷达（ground penetrating radar，GPR）可评估土壤病原菌富集区的三维分布。这些技术构建的“空 - 地”协同监测网络，配合 AI 算法（如 YOLOv7 病害识别模型），可使靶向热物理消毒或生物防治的作业效率提升 60%，同时减少化学农药使用量 40% ～ 50%，为绿色防控提供关键技术支撑。

② 传输层。采用创新的混合通信架构设计，通过 LoRaWAN（157dB 超高链路预算）与 NB-IoT（164dB 业界领先链路预算）两种技术的深度协同与优势互补，构建了覆盖全域无死角的农田广域通信网络。其中 LoRaWAN 因优异的穿透能力和低功耗特性，特别适合大范围、低频次的数据传输场景，可有效覆盖农田边缘区域；而 NB-IoT 则依托运营商级网络基础设施，保障了核心区域的高可靠、低时延通信。该系统在田间关键节点部署了高性能边缘计算设备（如配备 4 核 Cortex-A72 处理器、1GB 内存的工业级嵌入式网关），这些设备不仅能够对采

集的温湿度、土壤墒情、光照强度等多维度数据进行实时预处理、异常值过滤和本地存储，还能高效完成 Modbus RTU、CAN 2.0 等工业协议与 MQTT、CoAP 等物联网协议的双向转换。通过集成多模通信模块（支持 LoRaWAN Class A/B/C 和 NB-IoT Cat NB2 双模），设备可根据网络质量动态选择最优传输路径，确保处理后的数据以毫秒级延迟可靠上传至云端平台，最终实现了农业物联网系统 99.9% 的数据传输成功率和秒级响应的实时性要求。

③ 数据处理与分析层。构建了基于机器学习和深度学习的智能分析模型，机器学习和深度学习在土传病害防治中通过数据驱动方法实现了从被动应对到主动预测的范式转变。机器学习算法（如随机森林、XGBoost）主要基于结构化土壤参数（温湿度、pH 值等）构建病害风险预测模型，可解释性强，准确率达 85% ～ 90%；深度学习模型（如 LSTM、3D-CNN）则擅长处理时序和多源遥感数据，通过时空特征提取提前 7 ～ 10 天预警病害爆发（F1-score 0.88）。其典型应用包括：基于 ResNet 的无人机热成像识别根系病变区域（IoU 0.82），结合强化学习优化热处理参数（能耗降低 25%），以及通过联邦学习实现跨区域模型协同训练。这些技术推动农业向精准化、智能化方向发展。

④ 决策层。作为整个智能农业系统的“智慧大脑”与核心中枢，承担着“数据驱动决策”的关键职能，通过先进的多模态数据融合技术与智能算法体系，能够自动生成最优化的病害防控策略。同时，通过 ISOBUS 等国际标准通信协议，可实现对各类农机设备的智能调度与协同作业，包括消毒机器人的最优路径规划（路径优化效率提升 30%）、变量灌溉系统的精准调节（节水率可达 15% ～ 20%）等功能，从而构建起完整的“监测—分析—决策”闭环控制系统，显著提升农业生产的智能化水平和病害防控效率。

（2）智能检测技术体系　该体系已通过农业物联网相关标准认证，在智慧农业示范区应用中验证了有效性。其中土壤水分监测精度达到 ±1.5%，土传病害预警准确率超过 85%，显著提升了农业生产的精准化水平。

下面主要以物联网技术的集成与创新应用进行分析。

① 无人机技术在农业中的集成应用。物联网的革命性发展之一是无人机技术的集成，这在大规模作物监测和精密喷药方面尤其有效。无人机装备高分辨率相机和多光谱传感器，能够捕捉到作物由于缺水、病害或营养不良而产生的细微变化。这些无人机通过物联网平台进行实时数据传输，使得农业生产者能够快速地识别并应对农场内的各种问题。智能算法可进一步分析由无人机收集的图像，自动确定需要喷药的具体区域，这不仅提升了农药的使用效率，还大幅减少了环

境污染。这种技术的应用显著提高了监测速度，减少了人工巡查的需求。

② 自动驾驶农业机械的智能化。自动驾驶农业机械是物联网技术的另一个重要应用领域，尤其是在自动化灌溉系统中。这些高度自动化的机械可以根据从土壤湿度传感器接收的数据，自动启动灌溉系统，精确控制每个区域的水量供应，确保作物的水分需求得到满足，同时最大限度地减少水资源的浪费。另外，这些机械还可以编程完成特定的农业任务，如耕作、种植和收割，减少对人力的依赖，并提高作业的精确度和效率。

③ 物联网技术与农业机械的未来趋势。随着物联网技术的发展，其在农业机械中的应用正趋于智能化和模块化。未来的农业机械将更多地集成传感器、全球定位系统（global positioning system，GPS）和自动导航技术，实现完全自动化的农业操作。例如，通过实时监控作物生长状况和环境变化，智能农机将能自动调整作业策略，优化作物生产过程。此外，云平台的集成允许这些数据被更广泛地共享和分析，农业生产者可以接收到定制化的农业服务，如精确的天气预测、作物病害预警和管理建议，使整个农业生产链更加智能和高效。

④ 物联网在智能农业中的实施障碍。物联网在农业中的应用需要集成多种复杂技术，如传感器网络、数据传输设施、云计算平台和数据分析处理软件。这种集成技术门槛较高，并且在初期需要较大的资本投入。对小型农场主和发展中国家的农业生产者而言，高昂的初始成本和维护费用构成了重大负担。因此，开发成本效益高且易于集成的物联网解决方案显得尤为重要。同时，提供财政补贴和贷款支持也是推广这些技术的关键，可使更多的农业生产者采纳并利用物联网技术，从而提高农业生产效率和可持续性。

（3）基于智能化技术的病害监测预警　近年来，人工智能发展迅速，在很多学科领域都获得了广泛应用。目前，国内外已建立了一些基于智能化技术的重大病害监测预警系统，提高了对病害监测预警的准确率和时效性，为作物重大病害的科学防控奠定了基础。

① 基于智能化技术的病害监测。基于智能化技术的病害监测主要通过视频远程监控和红外热成像等技术，结合视频图像分析处理，达到对病害实时监测的目的。李真运用红外热成像技术监测稻瘟病叶片，发现叶片感病部位和健康部位有一定的温度特征差值，利用该温度特征差值可实现对稻瘟病的早期监测；刘涛等利用病健交界特征参数、病斑颜色和形状等识别信息，对水稻叶部 15 种病害进行了识别研究，平均识别准确率可达 92.7%；常月和马占鸿创建了基于人工智能技术的自动识别病害手机软件，让农户可以通过手机端得到病害诊断结果和相

应防治措施；丁瑞开发了基于 Android 手机的作物病害智能诊断系统，准确率达到 90% 以上；黄建平等建立了基于神经结构搜索的植物叶片图像病害识别方法，识别准确率在 95% 以上。除此之外，智能化的作物病害监测技术在柑橘溃疡病、番茄早疫病、番茄晚疫病、番茄叶霉病、番茄细菌性斑点病、葡萄白粉病、黄瓜霜霉病和白菜叶部病害中均有相关应用的报道。作物病害的智能化监测在现代农业病害防控中的作用愈发明显，可使广大种植业者和管理者实时识别病害种类、掌握作物病害发展动态并采取应对措施，具有较高的实用价值。

② 基于智能化技术的病害预警。专家系统是人工智能的一个重要分支，是 20 世纪 60 年代初期产生和发展起来的一门新兴应用科学。农业专家系统可以为用户提供有关作物病害的远程诊断、专家决策以及预测预报等服务。肖长林和曾土迈等建立了对小麦条锈病流行程度预测的专家系统雏形，为小麦条锈病的精准预测打下了良好的基础；随后，孙慎侠建立了西北地区小麦条锈病管理专家系统，实现了对小麦条锈病的预测和小麦品种抗锈性等的管理；谢国清等建立了云南省小麦条锈病和稻瘟病预测专家系统，并利用该系统对 1994 ～ 1995 年的小麦条锈病和稻瘟病进行了预测，预测准确度为 84.6%，表明该系统具有一定的实用性。目前，在生产中使用的 90% 以上的病害预测模型都是基于气象数据开发的。随着天气预报准确度的不断提高，基于气象数据的作物病害预测模型的准确度也在不断提升，加快了病害预警智能化的进程。

近年来，小麦赤霉病、小麦白粉病、稻瘟病、玉米大斑病和马铃薯晚疫病等病害的智能化监测预警技术研究与应用取得了一定的进展。目前，由西北农林科技大学研发的小麦赤霉病自动监测预警系统已在我国陕西、河南和安徽等 14 个省（自治区）近 300 个县（市）推广使用，预测准确率在 80% 以上。安徽省池州市植保站利用该系统预测结果指导当地小麦赤霉病防治，防治效果达到了 97%。李晓蕊和金平涛利用西北农林科技大学和中国农业科学院植物保护研究所联合研发的小麦白粉病自动监测预警系统对陕西省周至县小麦白粉病进行了预测，预测准确率可达 100%。西北农林科技大学和中国农业大学合作研发的玉米大斑病自动监测预警系统在内蒙古自治区连续 2 年的平均预测准确率为 79.7%。邓晓路等设计了基于物联网的寒地玉米大斑病预警系统。该预警系统针对性强，实用可靠，对玉米生产起到了较好的辅助决策作用。马铃薯晚疫病智能监测预警系统是我国科学家利用比利时埃诺省农业应用研究中心 20 世纪 90 年代研发的预警模型 CARAH 建立的系统，可以提前 3 ～ 4d 准确预测中心病株的出现。1999 年，全国农业技术推广服务中心首次将该模型引入重庆市等地，经过 10 余年的优化，目前已经在我国 10 个省（自治区、直辖市）168 个县（市、区）推广使用。胡同乐也开发出了中国马铃薯晚疫病监测预警系统 ChinaBlight，预测结果与病害实际发生程度相符，目前已经成功运用于马铃薯晚疫病的田间防控指导。

7.1.2 靶标识别定位技术

靶标识别技术在热物理防控系统中承担着从复杂环境中精准辨识关键热物理触杀目标的核心任务，其识别精度与响应效率直接影响后续调控策略的制定与实施效果。在病虫害防治中，机器视觉通过可见光图像快速定位作物异常区域（如病斑或虫害痕迹），高光谱成像分析叶片反射光谱特征（如叶绿素缺失或病原体特异波段），精准区分病虫害类型与严重程度；深度学习网络融合视觉与光谱数据，通过卷积神经网络（convolutional neural network，CNN）或 Transformer 模型分类靶标并预测扩散趋势；GPS 技术则标记病害发生位置，生成农田电子地图，指导无人机或农机精准施药。四者协同实现“探测—识别—定位—治理”的全流程智能化，提升防治效率并减少农药滥用。随着高灵敏度红外探测技术与深度学习算法的协同突破，现代热靶标识别系统已从依赖人工经验判读的传统模式演进为多光谱融合、动态特征提取与自适应学习的智能感知体系。该系统不仅能在高温、强光、粉尘等多元环境干扰下实现热触杀目标的高效自动检测，还可通过深度神经网络完成复杂目标的精准分类与实时轨迹跟踪，显著提升了识别结果的鲁棒性。这一技术革新为土传病害防控领域开辟了智能化解决方案，通过精准定位病原菌滋生热点并实施靶向热力消杀，不仅大幅降低了化学农药使用量，更实现了防控过程的精准化与低碳化，为现代农业可持续发展提供了强有力的技术支撑。

靶标识别技术在土壤监测领域展现出显著优势，通过多源数据融合与智能算法的协同作用，能够实现对特定土壤目标的精准检测与定位。该技术的核心原理遵循“特征提取—模式识别—决策输出”的完整技术路径：首先利用多光谱成像技术（覆盖 400 ～ 2500nm 波段）获取土壤的生化特征参数，包括有机质含量、水分分布及养分状况等关键指标；同时结合红外热成像技术（8 ～ 14μm 波段）捕捉土壤表面及浅层的温度异常分布。然后在数据处理环节，采用改进的 YOLOv7 目标检测算法（创新性地添加了 CBAM 注意力模块），通过增强特征提取能力显著提升了病害区域的识别精度。在实际农业应用场景中，该技术可精准定位土传病原菌富集区域，例如对镰刀菌活性区的识别精度高达 89%，为精准农业提供了可靠的数据支持。基于识别结果，该系统可指导火焰消毒机器人实施靶向处理，不仅实现了精准施药，还可减少 40% 的化学药剂用量，具有显著的经济效益和环境效益。下面是主要病虫草害的靶标特征。

① 植物病害通常包括病原细菌、病原真菌、病原线虫以及病毒、类病毒、植原体等。通常危害部位在植物叶部、枝干部、果实、根部。标靶主要特征一般为病原物，变色、坏死、腐烂萎蔫、畸形及霉状物等相应外部特征以及根系隐蔽性病害，通常采用多光谱成像测定植物病害光谱响应特征以及采用探地雷达检测根系病害进行识别。

② 植物虫害通常包含叶部病虫、蛀干病虫、球果种实害虫、地下害虫。通常危害部位在叶片、果实以及根部。标靶主要特征一般为叶片、茎部和繁殖器官等受害症状以及害虫的繁殖习性、越冬隐蔽性和运动迁移性等，通常采用实地镜检、视觉声测法进行识别。

③ 有害植物通常包括寄生性种子类、攀缘缠绕覆盖类、排挤抢占类以及杂草。通常会通过缠绕、覆盖作物茎秆，快速繁殖侵占作物生存空间。标靶主要特征一般为不同有害植物的种类分布及危害程度（盖度）以及拟态性或宿根性杂草，通常采用反射谱特性、采集图像识别的方式。

下面将以病虫害识别系统流程为例进行分析。病虫害识别系统是一个集数据构建、模型训练、实时监测与结果反馈为一体的完整流程，主要分为 6 个关键环节，如图 7-1 所示。首先，基于田间采集和实验室模拟构建高质量数据集，并通过预处理与数据增强提升样本多样性和模型鲁棒性。然后在模型训练阶段，利用 CNN 模型自动提取病虫害图像特征，结合分类器进行识别，并通过验证集与测试集评估模型性能，确保其泛化能力。训练完成的模型被部署到实际场景中，借

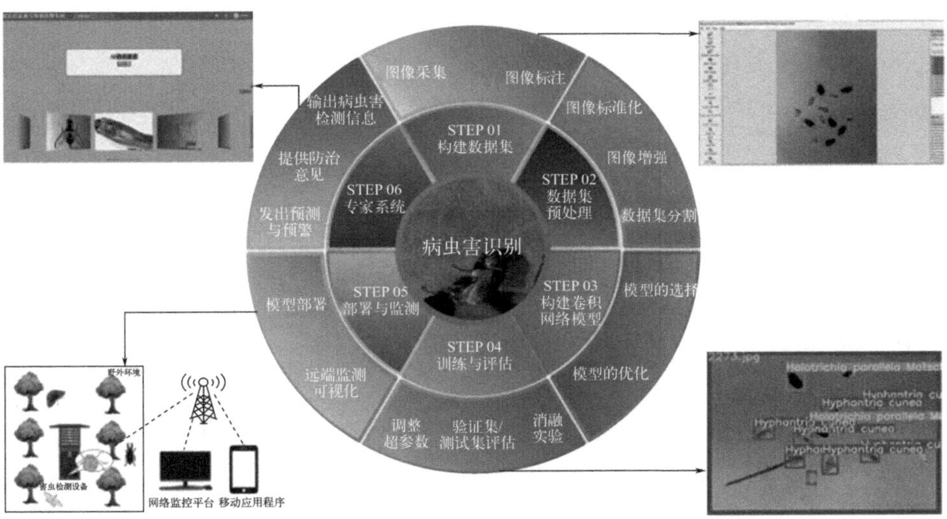

图 7-1　CNN 在病虫害识别任务中的应用流程

助嵌入式设备和远程监测终端实现实时检测与结果可视化。最终，识别结果被反馈给决策支持系统，提供病虫害防治的建议和措施，形成监测、识别与决策支持一体化的闭环系统。

不断改进 CNN 模型，提升识别精准度是实现高效监测的重要环节之一，而在实际环节中如何部署应用并实现全程信息可视化是另一研究重点。应用初期，研究人员致力于搭建网页部署检测模型，通过上传图片，获取图片的检测信息，实时性弱、条件性强。为了增强监测的实时性，研究人员考虑将模型装载在嵌入式设备上，搭载显示屏实现检测结果可视化。例如，针对人手无法到达的病虫害发生位置，研究者设计将摄像终端安装在手持杆上，手持式完成远端病虫害监测。该方法虽减少了部分专业人工成本，但人工参与度依然很高，且只适用于面积有限的农田或公园。为解决上述存在的问题，研究人员采用诱捕的方式，引入物联网技术，在定点嵌入式设备中装载识别摄像头和通信模块，于网络服务器中完成病虫害检测。该方式将物联网技术与深度学习进行了有效融合，极大地提升了监测的自动化水平和监测效率。此外，为进一步提高监测的便利性，研究者们以手机为载体开发了相关 APP、小程序等，如晓虫。但该小程序应用病虫害覆盖种类不够，常检测出系统未标记的病虫害，导致准确率极低。利用手机自带的高清摄像头，通过网络实现实时数据的传输和处理，可以使用户更易获取监测信息和参与监测过程，但利用便携式方法对病虫害监测是机会性记录，无法实现结构化的生态监测。经过国内外研究学者的不断努力，农林病虫害监测研究取得了显著进展，开发并改进了多种高准确率的 CNN 模型。目前，病虫害监测方式和可视化形式多样，基本能够替代传统的人工监测，在人力和物力消耗上具有明显优势。然而，对于大面积病虫害的早期预测仍然缺乏有效手段，通常只能在病虫害显著发生后进行防治。因此，病虫害提前预警监测仍需进一步研究和开发，旨在形成更加完整的监测系统，创建农林区的综合信息库，并结合更多维度的信息，及时掌握病虫害的发生、发展动态，对植物的危害程度以及未来的发展趋势，这将为病虫害的预测预报、防治及检疫提供科学依据。

7.2 作业过程精准控温与能源管理

7.2.1 精准控温技术

精准控温技术作为热物理防治领域的顶尖应用形态，其核心价值在于通过高精度传感器实时监测土壤或空气温度，结合模糊控制算法动态调节蒸汽发生器、电加热膜等热源功率，确保目标区域（如土壤剖面）快速升温并稳定在杀菌温度（如 70 ～ 100℃）。通过进一步融合温度场建模与强化学习技术，在温度和时间达到设定阈值后，系统能自动终止作业，从而实现加热时长和能量分配的优化。这项技术不仅追求极致的温度稳定性，更通过算法优化实现了能源效率的最大化，较传统方法节能可达 30% 以上。传统控温系统依赖预设的固定参数算法，在面对热负荷突变、环境温变等复杂工况时往往响应迟滞，难以维持理想的控温效果。而人工智能技术的突破性应用，特别是深度学习算法对热力学数据的实时解析能力，使系统能够自主识别热环境变化规律并动态调整控制策略，真正实现了自适应调控。这一技术革新不仅突破了传统控温的局限性，更开创了基于数据驱动的热管理新范式，为精密制造、生物医疗等高要求领域提供了可靠保障。

精准控温技术在土壤热物理防治中通过建立“感知—决策—执行”的闭环控制系统，实现对土壤温度场的智能化调控。其技术原理主要基于热传导方程与智能算法的深度耦合，即分布式温度传感器网络（PT100，±0.1℃）实时监测土壤剖面温度分布，数据经边缘计算节点（如 Jetson AGX Orin）预处理后，通过 LSTM 时序预测模型预估温度场演变趋势，结合强化学习算法动态优化加热参数（如蒸汽流量、作用时长）。其典型应用包括：靶向热消毒系统，在病原菌敏感温度区间（50 ～ 60℃）维持 ±2℃的精准控温，灭活率 >95% 的同时避免有益微生物损伤；相变材料辅助控温，采用石蜡 / 石墨烯复合材料（相变焓 180J/g）存储过剩热能，使土壤在热处理后保持适宜温度达 4 ～ 6h。该系统通过数字孪生平台实现了虚拟调试，将控温能耗降低 30%，已成功应用于设施农业土传病害防治，实现化学农药减量 50% 以上。

7.2.2 能源管理

能源管理的核心在于准确预测能源需求并优化调度各类资源。人工智能技术通过分析多维数据，可显著提升预测精度和调度效率。人工智能驱动的能源管理技术在土传病害热物理防治中通过“感知—优化—决策”闭环系统实现精准能量调控。其核心技术架构包含三个层面：

① 感知层通过分布式光纤测温网络（±0.5℃精度）和红外无人机巡检构建土壤三维热场模型，实时监测病原菌敏感温区（50 ～ 60℃）；

② 优化层采用多目标强化学习算法（如 NSGA- Ⅲ），动态协调生物质锅炉、太阳能集热和相变储热系统的能源配比，在保证灭菌效果（病原菌灭活率 >95%）

的前提下降低能耗 25% ～ 40%；

③ 决策层通过数字孪生系统模拟不同能源策略，生成最优控温方案（如蒸汽注入时长 ±30s 误差），并联动自动化设备执行。

该系统已在小麦土传病害防治中得到验证，相比传统方法，单位面积能耗降低 3.2kW·h/m^2，同时减少非靶向热损伤 35%，实现了“能源 - 生态 - 经济”三重效益的协同优化。

7.3 大数据驱动的智能决策支持

在全球信息化快速发展的背景下，大数据已经成为一种战略资源，各行各业的决策活动在频度、广度及复杂性上较以往有着本质的不同。决策过程中的不确定性因素增多，决策分析的难度不断加大，传统的数据分析方法以及基于人工经验的决策已难以满足大数据时代的决策需求，大数据驱动的智能决策将成为决策研究的主旋律，特别是人工智能技术与大数据的深度融合，为复杂决策的建模和分析提供了强有力的工具。

随着智能体（Agent）在人工智能领域的深入研究，相关学者将 Agent 技术引入了智能决策支持系统，特别是多 Agent 理论与技术为分布式决策支持系统的分析、设计和实现提供了新的途径。Bui 和 Lee 将决策支持系统中 Agent 应具备的能力归纳为独立能力、学习能力、协作能力、推理能力、智能性等。目前，多 Agent 智能决策支持系统已经成为趋势，通过加入人机交互 Agent、模型选择 Agent、模型求解 Agent 等可以使决策系统减少对专家的依赖，实现由“模型驱动”转为“问题驱动”，提高决策系统的整体智能性。Ghadimi 等提出一种面向供应链可持续提供供应商和订单分配的多 Agent 系统方法，通过设计数据库 Agent、供应商 Agent、决策者 Agent 和订单分配 Agent，有效提高了供应商选择和订单分配质量。随着云计算（cloud computing）技术兴起，基于云计算的智能决策支持系统成为大数据智能决策支持的一个研究方向。云计算通过互联网将虚拟化的数据中心和智能用户终端有机地联系起来，为用户提供了便捷的信息服务环境。在大数据环境下，基于云计算的智能决策具有决策环境的开放性、决策资源的虚拟化、问题求解的分布式协作性，这些特征使其与传统智能决策有所不同。随着移动智能设备和移动互联网的普及，分布式移动云计算环境下的智能决策方法成为当前的一个研究热点。

上述智能决策支持系统（intelligence decision support system，IDSS）在多

Agent 架构与云计算赋能下的演进，显著提升了处理复杂、分布式决策问题的能力，其核心在于赋予系统更强的自主性、协作性与智能性。这种技术范式的进步，正在深刻影响并赋能诸多具体应用领域。其中，环境监测与治理，尤其是土壤污染这一关乎生态安全与公众健康的关键领域，已成为人工智能决策技术发挥其分析、预测与决策支持价值的重要舞台。现如今，人工智能技术在土壤污染监测中的应用可使相关专家学者对诱发土壤污染现象的实际原因进行深入分析。决策树和随机森林作为人工智能技术体系中较为常见的一类算法，可以就变量对结果预测的重要程度进行全方位评估，通常能够针对不同污染因素带来的污染影响进行探讨，以此为基础帮助相关人员对土壤污染的主要来源进行分析。以现阶段我国人工智能技术的发展来看，部分专家学者是以条件推断树分割变量优先次序为基础，针对土壤重金属含量的相关影响因素进行分析，并且最终得出土壤中的 Cd、Zn、Cu 类重金属污染元素会受到人为因素的主要影响，而 As 和 Ni 类金属则明显受到自然因素的影响。此外，在土壤污染成因分析的过程中，也可以选择分类回归树这一基础算法建立相应的模型，以此对土壤污染来源进行全方位研究和分析。在机器学习算法深入发展的背景下，之前单一的决策树方法因为存在较为明显的过拟合现象，加之泛化性能较差，应用频率逐渐下降，随机森林这类集成算法已经成为目前土壤污染治理工作中，土壤污染成因分析所使用的主要人工智能技术。此外，机器学习算法也能在土壤污染监测治理工作中，针对不同污染物之间的关联以及聚类关系进行全方位分析，确保相关人员能够推断土壤污染的主要贡献源头。在土壤污染监测治理工作中，人工智能技术的应用使得相关设备能够模拟人类的思维能力，全方位监测土壤污染现象，在此基础上，这些设备可以收集相应的数据，并为相关部门做出正确的决策提供有力的数据支持。此外，人工智能算法也可以通过深度学习对目前人类尚未掌握的各种土壤污染规律进行深入探索。故此，我国相关部门需要在持续深化土壤污染算法研发力度的同时，建立统一的数据平台，实现各部门之间的数据共享，第一时间掌握土壤污染现象的发展状况，根据数据变化制定出相应的治理对策，以此提高我国的土壤环境质量。

目前大数据智能决策技术在林业中应用较为广泛，下面以濮阳县林业管理为范式进行分析。清河头乡林区与户部寨镇林区共设置 7 个固定遥感数据接收站点，各站点按 7 天的周期接收 Gaofen-1、Sentinel-2 等卫星影像，这些影像的分辨率均高于 10m。安排 5 架多光谱无人机实施飞行补充拍摄，覆盖面积总计 30km^2，每日平均作业时长为 3h。遥感数据接收站设有影像预处理单元，用于执行几何校准、影像强化以及云层去除操作，随后接入土地覆盖分类模型（运用支持向量机 SVM）以判别林地类别。识别类型覆盖人工林天然林、疏林地、灌木林地等 7 种林地，在实际评估中该模型分类准确率达 85%（Kappa 系数为 0.78）。此外，采用像元差异法（change vector analysis，CVA）搭建林地变化识别算法，重点监测蓄积量下降及林地向非林地转变区域。2024 年 6 月至 2025 年 3 月，该系统检出 30 处林地边界明显变动片区，多在鲁河镇南部与白堽乡西部边界。该系统平台有变更警示功能，当变化数值超界限（面积变动超 $0.2hm^2$ 或 NDVI 值降低超 0.2）时，自动生成任务单给林业综合服务队。服务队 24h 内实地核查并回传结果，数据自动写入数据库，达成闭环管理。

得益于上述统一数据平台的整合与共享，海量的实时监测数据（如土壤温度、病原菌密度、环境温湿度）得以汇聚，结合历史灭菌效果记录，为精准治理决策提供了坚实基础。在这一背景下，人工智能驱动的智能决策支持系统展现出其在污染治理环节的核心价值。通过实时监测土壤温度、病原菌密度、环境温湿度等数据，结合历史灭菌效果记录，大数据分析可以精准预测最佳加热温度和时间，动态调节能源分配（如太阳能、电能或蒸汽能的组合使用），从而以最低能耗实现高效灭菌，避免了传统方法“一刀切”导致的能源浪费或效果不足。

7.4 应用案例分析

7.4.1 病虫害智能监测预警系统

病虫害监测预警是智慧农业体系中的关键组成部分，通过构建多元化的监测网络和智能化的预警模型，可为农业生产提供及时、准确的病虫害信息。传统监测方法主要依靠人工巡检和经验判断，难以覆盖大面积农田，且预警滞后。智慧农业则通过物联网监测、遥感监测和综合管理系统的协同应用，建立了全方位的病虫害监测预警网络。农业病虫害监测系统一般可以分为采集系统、传输系统、可视化分析系统等子系统。采集系统主要依赖各种传感器及嵌入式系统进行物理量、声音、图像等数据的采集；传输系统一般可分为局域网和广域网传输，负责将采集到的数据传输至服务器；可视化分析系统一般由服务器与客户端组合而成，服务器负责数据的保存与分析，客户端则基于网页、PC 端应用、移动端应用等，为用户提供可视化的直观数据。此外，用于数据分析的算法、用于传输过程的编解码算法、用于采集的控制系统等也是农业病虫害监测系统的关键技术。

该系统主要分为三个部分，即硬件采集端、系统服务端、用户客户端。

硬件采集端由嵌入式控制软件及各模块硬件设备组成，提供整个系统的数据来源（包括传感器数据、摄像头视频及图像数据）。其中传感器分为气象数据、土壤温湿度数据、降雨量三个硬件模块，由采集器统一控制，太阳能统一供电，负责采集作物生长时期的环境信息；网络摄像头、线性导轨、电动机、继电器、微动开关等使用220 V市电，由STM32嵌入式程序及客户端请求控制，负责提供视频数据及病虫害图像数据。传感器数据由STM32嵌入式程序定时汇总上传，并以文件形式保存至SD卡，实现数据备份。视频数据在客户端利用内网穿透发起请求后，通过网络实时传输供用户查看，用户退出视频界面，视频数据传输也随之停止。图像数据则由服务器获取传感器数据后发起请求获得，图像数据与传感器数据组合为一条完整数据，存入服务器数据库及磁盘。同时客户端指令通过服务器转发，可实现对采集端系统的配置修改和硬件控制，满足用户多角度、全方位的视频及图像数据获取。

系统服务端是系统的数据处理及指令转发中心，由客户端服务器、消息队列、采集端服务器组成，负责维护采集端与客户端的双向联通，实现数据由采集端流向客户端，指令由客户端流向采集端。采集端服务器负责维护采集端长连接，获取STM32数据并写入消息队列，获取客户端服务器指令并下发给STM32；客户端服务器负责订阅消息队列数据并存储，获取客户端请求，实现用户登录验证、Token鉴权、数据查询等功能，获取客户端指令并下发采集端服务器及STM32，实现客户端控制；消息队列则起到应用解耦、流量削峰的作用，可增强整个系统的可用性、拓展性。

用户客户端作为人机交互接口，用户可以在具备网络环境的多种硬件平台实现客户端登录、硬件管理、数据查询、硬件控制等功能，随时随地分析环境信息，判断病虫害或自然灾害发生的可能性，及时对作物生长进行人工干预。同时可以通过摄像头设备随时查看视频，实现以前实地考察才能完成的功能，增强了便利性及农业区的安全性。

另外，农业病虫害监测系统可以实现局域网、广域网动态部署，满足不同网络环境下的用户需求。其结构如图7-2所示。

该系统最终实现了采集端24h自动采集气象、土壤及图像信息，并上传至服务端保存。同时客户端可以在网络环境下随时查看视频及传感器数据，并控制云台相机在高度0～3.2m之间左右360°、上下180°无死角运动。在用户使用层面，该系统支持多采集设备、多客户端同时工作。用户可以在手机上自行绑定或解绑设备，无需专业人员操作。同时，在系统维护及升级方面，开发人员可以根据用户需求快速部署新服务器，用户只需订阅消息队列中的数据即可接入数据，对既有功能无干扰，使系统升级、拓展变得简单，方便了用户及开发者的使用。

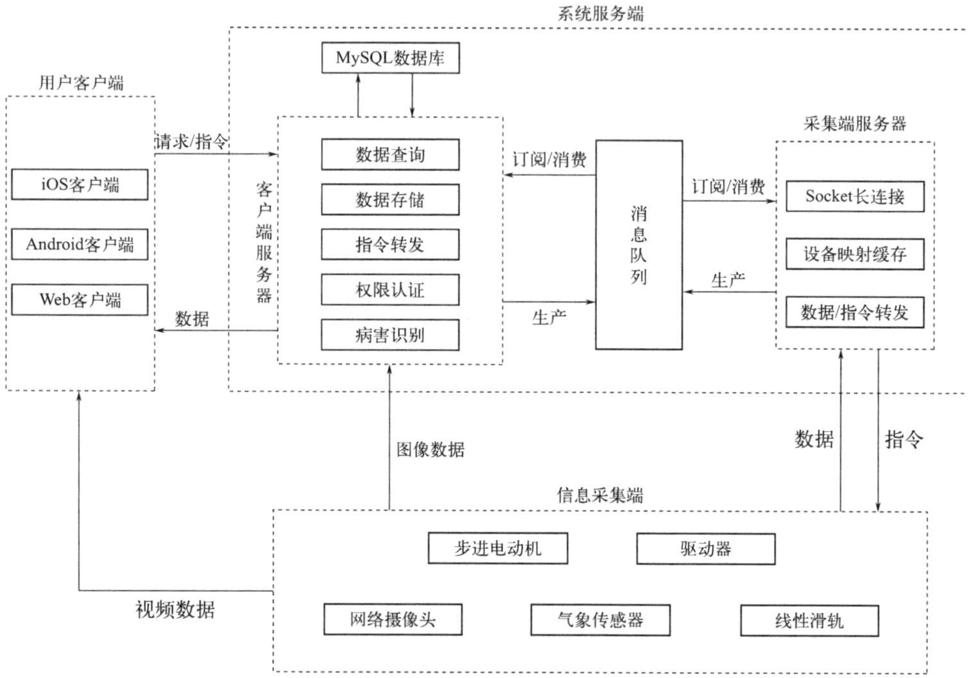

图 7-2　农业病虫害监测系统结构图

7.4.2 全天时智能激光除草机器人

智能田间作业机器人研发虽已取得相关进展，但田间作业面临多重挑战，如强光干扰下的杂草识别精度下降、复杂冠层结构下的激光穿透性不足以及田间复杂地形适配性差等。激光除草机器人作为智慧农业装备中的典型核心载体，其整机研制是推动农业生产方式变革、破解传统除草痛点、实现精准农业与绿色农业深度融合的关键环节。该装备的研发与应用不仅是技术集成创新的体现，更是农业现代化进程中提升生产效率、降低环境代价、应对劳动力短缺的战略需求。全球多个国家针对激光除草机器人开展了整机研制工作。英国《新科学家》网站报道了丹麦科学家研制出的农田智能除草机器人使用机器视觉技术识别杂草，并且在糖用甜菜农田试验中发现，除草剂用量可减少约 70%；美国某公司研发的除草机器人直接放弃了除草剂，而使用可伸缩锄头快速、准确地在生菜、西蓝花、花椰菜田间自动除草；美国加利福尼亚大学的 Raja 等针对复杂自然条件下的莴苣除草机器人开发了一套农作物与行内杂草实时识别系统，能够控制搭载的微喷除草剂喷洒系统对杂草进行精准喷洒；瑞士 EcoRobotx 除草机器人能够逐一检查作物生长情况、辨识杂草、精准喷洒农药，大幅减少了农药使用量。纵观全球，基于机器视觉技术的作物病虫草害识别、监测、防治，乃至除草机器人已经出现了成熟的商用产品，正加速向世界各地推广。我国除草机器人研究较晚，但在田间自主导航、杂草与作物识别算法方面有重要进展。目前国内较先进的样机由华工科技联合哈尔滨工业大学机器人技术与系统全国重点实验室研制，该设备是国内首台实现全天候作业的激光除草机器人，已于 2024 年 6 月在黑龙江省黑河市爱辉区开展首次田间试验，杂草识别率≥ 95%，去除率≥ 90%，伤苗率≤ 1%。第二代机型于 2025 年在云南烟叶地试验中提升除草效率至 92%，计划 2026 年实现量产。

全天时智能激光除草机器人如图 7-3 所示。该智能激光除草机器人采用了“激光 +AI+ 机器人”融合技术，通过深度学习的图像识别算法精准定位杂草，利用激光照射物理除草法实现环境零污染、土地零破坏的绿色作业目标。下面对该种智能激光除草机器人进行技术分析。

图 7-3　全天时智能激光除草机器人演示

（1）技术原理　集成了深度学习算法与本地分布式边缘计算技术，通过高分辨率摄像机采集图像数据，采用基于深度学习的图像分类与目标检测技术识别杂草。激光系统针对杂草分生组织照射，通过快速蒸发叶片水分破坏叶绿素结构实现物理除草。配备了多目标靶点定位算法和动态时延误差补偿技术，确保毫米级定位精度。

（2）整机结构设计　下面借助庄梅山开发的新型田间智能除草机器人来介绍

该种机器人整机结构。田间智能除草机器人（以下简称智能除草机器人）由目标识别装置、驱动装置和除草收集装置等 3 部分组成。其中目标识别装置是智能除草机器人的“眼睛”，车身前端安装有视频传感器，通过前置摄像头进行杂草识别。主控制板采集视频传感器的数据，通过内置 Wi-Fi 路由器传输到控制端，从而进行远程控制。驱动装置采用轮式驱动，内置驱动电动机与橡胶轮胎连接。除草收集装置由杂草收集箱和除草装置组成，除草装置由机械臂和末端执行组件组成。智能除草机器人的结构如图 7-4 所示。

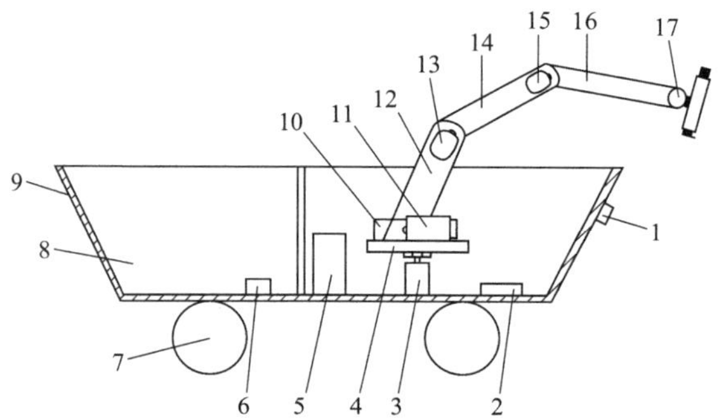

图 7-4　智能除草机器人整机结构

1—视频传感器；2—Wi-Fi路由器；3—旋转电动机 Ⅰ；4—旋转平台；
5—除草剂瓶；6—压力传感器；7—车轮；8—集草箱；9—小车主体；10—基座；
11—基座舵机；12—肩座；13—肩座舵机；14—大臂；15—肘部舵机；16—小臂；17—旋转电动机 Ⅱ

智能除草机器人采用 STM32F103C8T6 芯片进行整机控制。摄像头采集图像信息后，通过视频传感器传送至 LabVEW 软件平台进行信息处理，定位杂草位置，测量杂草距离，获取行走路线，然后再将信息反馈给控制芯片，控制小车车轮行走，实现无导航运动。工作时，首先在旋转电动机的驱动下，通过机械臂上的基座舵机、肩座舵机和肘部舵机控制机械臂运动，将末端执行组件送至杂草位置，然后由末端执行组件上安装的物理除草装置、化学除草装置和杂草搜集装置完成除草作业。除草工作步骤为：当末端执行组件接触到杂草时，首先启动物理除草装置切割杂草；切割完毕后，通过化学除草装置将除草剂精准喷洒到杂草根部位置（应确保喷洒的药剂仅到达杂草的根部，防止根部再生），同时由杂草搜集装置将切割后的杂草移送到集草箱中；当集草箱中的压力传感器感知到一定压力信息后，获得集草箱收集满杂草指令，并通过控制芯片控制小车行走，将收集的杂草移送到指定位置，完成杂草清理工作。

（3）主要机械结构　借助 Wang 等开发的激光除草装置原型来介绍该种机器

人的基础结构。它由 8 台 150W 的二氧化碳激光器和 12 个高分辨率相机组成，可以在农田里安全有效地穿行，进行杂草识别、瞄准和激光清除。其基础结构如图 7-5 所示。该设备通过训练神经网络来识别杂草，并构建了一种决策模型来估计杀灭危害杂草植物所需的能量，即使在杂草和作物混合的复杂田间场景下也可工作。

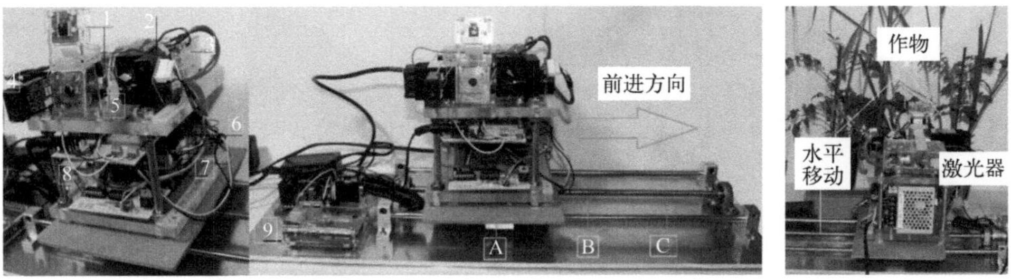

图 7-5　激光除草装置结构与试验图

1—相机；2—电流计；3—计算机；4—激光测距仪；5—激光；6—电源；
7—电动机驱动器；8—电子信号处理板；9—激光装置位置控制器；A～C—作物的位置

7.4.3　基于图像识别的家庭智能激光除草机器人

目前，国内外已投入使用的大型除草机器人普遍存在成本高、仅适合大规模集约化农田的问题。为此，借助一种可用于日常田间除草作业的小型自动化激光除草设备进行分析。该设备以小车为载体，在运行过程中实时采集图像，并通过 YOLOv2 算法，由视觉模块的神经网络硬加速器（Kendryte neural network processing unit，KPU）判断当前作物是否为杂草，通过单目测距算法计算距离。通过算法的训练和替换，该设备可以灵活用于不同的场景和作物。

参考他人的激光除草模型，本小节引用的激光除草系统采用小车作为平台，整体供电由 12V 电池组提供。小车包括两个 TB6612 电动机驱动模块，用来驱动 4 个电动机；采用麦克纳姆轮结构，以使运动转向方便，从而有效适应不同地形。图像模块采用 K210 相机模块，负责实时采集作物和杂草信息，一旦检测到杂草，立即通过 MQTT 协议经云端回传其坐标和距离。下位机收到数据后，驱动舵机调整角度，将蓝光激光器对准杂草，并通过脉冲宽度调制（pulse width modulation，PWM）信号触发激光器，从而实现除草功能。所有采集的重要数据都通过设计好的数据库系统进行记录，确保有迹可循，以便于修改和优化。在 UI 界面上，可以实时监控当前设备状况、查看历史数据以及评估设备的除草效果。激光除草系统整体设计及单次除草作业流程如图 7-6 所示。

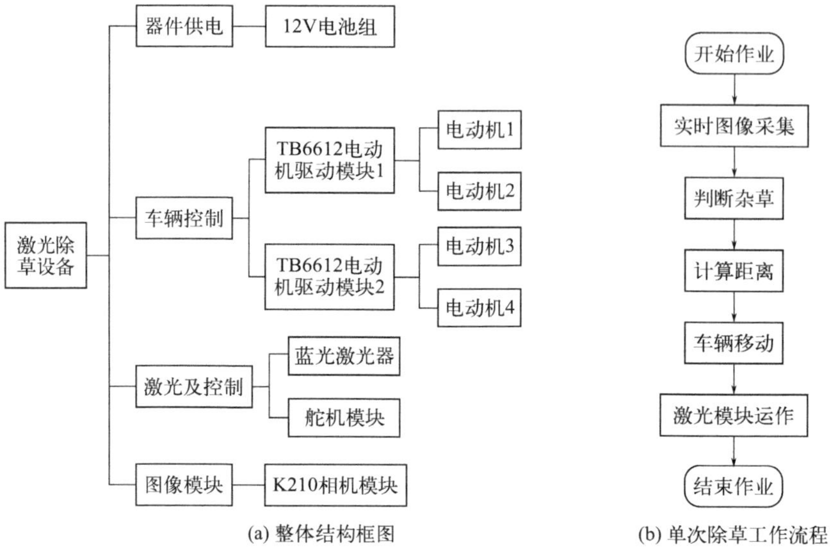

图 7-6　激光除草系统整体设计及单次除草作业流程

相比蓝光激光器发出的激光束，植物更容易吸收 CO_2 激光束，在相同的剂量下，CO_2 激光具有更好的除草效果。因此传统的激光除草机器人大多采用 CO_2 激光进行作业。然而，CO_2 激光存在发射器体积较大、成本高昂，并且需要更高效的散热系统等缺点。因此，不适合本小节所述的田间普通作业情境，反而更适合大规模集约型农业种植。基于上述激光能量分析、成本和实际使用情况的综合考量，该设备采用了 20W 可调节的蓝光激光器。通过舵机装置控制激光照射在杂草茎秆表面，可利用激光束在短时间内产生的生物热效应进行除草作业。经过实际测试，证明在离地约 20cm 的高度下，能够实现较为有效的激光除草作业。

K210 相机模块内置多种硬件加速单元（包括 KPU），故能够高效地运行并完成图像识别任务。通过 K210 相机模块，开发者可以利用深度学习算法在内置的神经网络推理引擎上实现图像识别功能，满足各种智能应用场景的需求。该芯片集成了 KPU 等多种硬件加速单元，AI 算力达到 1TOPS（相当于树莓派 4 的 0.4），可在本地高效完成深度学习推理，满足边缘端图像识别需求。为保证采集和部署环境的一致性，数据集亦由同一 K210 设备拍摄，通过 IDE 将模组接到上位机，使用 Python 语言编写脚本设置图像采集程序，一键完成图像批量采集。每次采集 230 张图片，其中 200 张用于训练集，30 张用于验证集，采集时间间隔为 1s。每组 230 张图片采集完毕后，更换背景或调整灯光明暗，以模拟不同的实际情况。在获取足够多的数据集后，使用 LABELIMG 工具进行标注，格式限定为 PASCAL VOC。标注完成的图片存放在 XML 文件夹中备用。

该设备搭载了 YOLOv2 算法，先采集数据，再进行在线训练。在初步测试中，本小节选取了 2 组（共 400 张）图片的数据集在云平台上进行训练。在初始迭代过程中，loss 值先显著下降，随后出现反弹，然后再次下降，最终稳步下降，达到了较为理想的训练效果。这一过程表明，模型在初期快速学习，但随后可能经历过拟合，经过调整最终趋于稳定，表现出较好的训练效果。Val-acc 值在 25 轮迭代之后上升到 1，说明如果使用训练集中的图片进行识别可以达到一个理想的效果。而 acc 在后续稳定在了 0.3 左右，未达到期望的理想结果主要是因为此组测试数据集较小。通过实际上机部署，观察设置的验证集，发现在抛去个别未出现杂草的情况下，平均置信度能够达到 85% 以上。在后续的测试中，进一步扩大了数据集规模，并对模型参数进行了细致的微调。经过相同的训练过程后，模型的识别准确率有所提升，表现出更为优异的性能和稳定性。这些改进和优化为模型在实际应用中的准确性和可靠性提供了坚实的基础。

在实验过程中，通过调节激光器的焦距，该设备成功实现了对不同距离和要求的除草操作（图 7-7）。训练得到的模型表现出较高的准确率，能够有效控制舵机的摆动，从而精确定位。在 20W 功率下，激光能够有效损坏杂草的根茎，确保其难以再生，从而达到了良好的除草效果。新型除草机器人的自动化工作方式经过调试后，能够以 2m/s 的速度前进。相较于传统的手工除草方法，其效率提高数十倍，有效解放了人力资源。

图 7-7　激光除草实际测试

7.4.4 基于激光雷达的温室智能喷药机器人

目前温室栽培作物植保喷药存在大型机械喷药受温室结构和藤蔓作物限制不便作业、机械化作业量不足、喷药不均匀、农药利用率仅 20% ～ 40%、农业物资浪费严重及密闭空间不利于作业人员身体健康等问题，严重影响农药防治效果，进而影响蔬菜产量和品质。为适应温室吊蔓类作物植保喷药环境，提高温室农药、叶面肥喷洒等植保作业智能化、高效化水平，选用 LiDAR 作为外部传感器，结合 SLAM 算法进行路径规划和地图构建，应用机械设计理论、UG 软件绘图及仿真模拟完成关键部件设计与选型，设计了可自主导航的温室智能喷药机器人。

温室智能喷药机器人主要由轮式行走系统、植保喷药系统和控制系统组成。轮式行走系统用于承载植保喷药机构完成喷药作业，可结合激光雷达与控制系统完成自主导航和自动避障，包括通用移动底盘、直流无刷电动机、激光雷达、主动轮、从动轮和锂电池等部件。植保喷药系统由风机、水泵、药箱、两侧喷洒杆、喷头及输药管道组成，可配合控制系统完成自主喷药功能。控制系统由工控机、控制扩展层、PLC、电磁阀和继电器组成，上位机与下位机通过无线通信技术连接，控制喷药机的自主行走和喷药操作，通过激光雷达传感器实时采集环境信息进行及时避障。根据以上温室智能喷药机器人拟实现功能，利用 UG 三维建模完成结构设计，如图 7-8 所示。

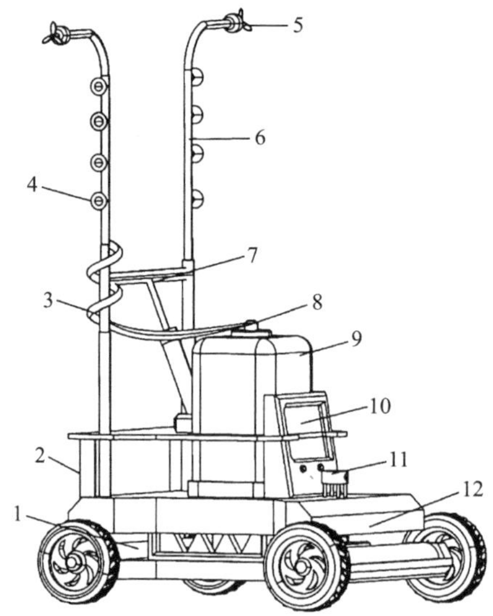

图 7-8 温室智能喷药机器人整机结构

1—锂电池；2—水箱支架；3—水管；4—喷头；5—风机；6—喷药杆；
7—喷杆调节机构；8—水泵；9—水箱；10—工控机；11—激光雷达；12—底盘部分

温室智能喷药机器人通过 ROS 机器人控制系统和 STM32 单片机实现智能控制，其工作原理如图 7-9 所示。启动激光雷达检测温室内环境特征及作物垄间情况，将采集数据及时反馈给 ROS 机器人控制系统进行信息处理，并向下位机发送指令；下位机控制两侧电磁阀开闭，并调节喷药杆高度和幅宽，到达作物最佳喷药距离处及时停止，由喷药系统完成喷洒作业。其中喷药杆可以上下调节高度，同时根据不同温室大棚结构，设计调整喷药架所需旋转角，确保喷药效果，实现减少农药浪费、控制温室环境污染的目标。

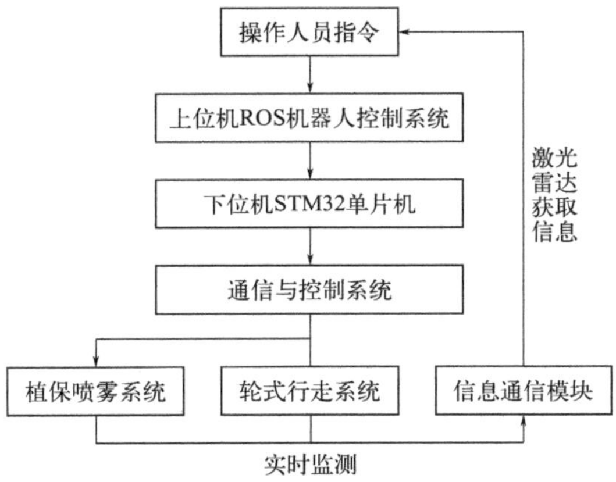

图 7-9　温室智能喷药机器人工作原理

参照 JB/T 9782—2014《植保机械 通用试验方法》及 GB/T 17997—2008《农药喷雾机（器）田间操作规程及喷洒质量评定》等相关标准，于 2023 年 5 月 20 日在江苏省镇江市大港新区现代农业产业园番茄种植基地开展智能温室喷药机器人田间试验。温室内任选 3 垄番茄作为目标植株，每间隔 1m 选取一株番茄植株作为靶标，根据番茄植株冠层生长特性，自上而下选取 0.6m、1.0m、1.5m 高度 3 片叶子，每片叶子用曲别针在正、反两面各固定一张 2mm × 5mm 的水敏试纸，用于测量雾滴沉积率。试验作业时，温室智能喷药机器人前进速度 0.6m/s，风送机构的出风速率 6m/s，设定喷药压力 0.3MPa。自动喷药作业结束后，依次将收取的水敏试纸置于标号隔离瓶中，使用 600dpi 分辨率的扫描仪对试纸进行扫描，应用 DepositScan 软件进行图像处理，得到水敏试纸雾滴覆盖率、沉积量和雾滴密度等数据，进而分析雾滴沉积均匀性。性能试验结果表明，番茄植株上层、中层、下层 3 层雾滴覆盖率平均值分别为 17.4%、18.3%、14.9%，分布变异系数分别为 7.2%、11.6%、12.8%，上层、中层两层雾滴分布较为均匀；从外部、中部到内部 3 垄植株雾滴沉积分布变异系数 2.1% ～ 20.9%，雾滴沉积覆盖率和均匀性得到显著提升，完全满足温室作物植保喷药作业标准。

参考文献

[1] 加快顶层设计多部委推进人工智能产业发展 [J]. 河南科技，2021, 40 (13): 1.

[2] 兰玉彬，王天伟，陈盛德，等. 农业人工智能技术：现代农业科技的翅膀 [J]. 华南农业大学学报，2020, 41 (6): 1-13.

[3] 郑加强，徐幼林，张慧春，等. 国内外林业有害生物防治靶标识别技术的研究与展望 [J]. 林业科学，2023, 59 (3): 152-166.

[4] 于洪，何德牛，王国胤，等. 大数据智能决策 [J]. 自动化学报，2020, 46 (5): 878-896.

[5] 吕习宾. 大数据驱动的林业智能决策支持系统构建与实践 [J]. 中国林业产业，2025 (5): 79-80.

[6] 陈青，刘灿，戎子凡，等. 基于卷积神经网络的病虫害识别与远程监测研究进展 [J/OL]. 林业工程学报，1-17, [2025-07-22].

[7] 张宜君. 农作物虫害图像采集与处理手持设备的设计 [D]. 保定：河北农业大学，2014.

[8] Rimal, K, Shah K B, Jha A K. Advanced multi-class deep learning convolution neural network approach for insect pest classification using TensorFlow [J]. International Journal of Environmental Science and Technology, 2023, 20 (4): 4003-4016.

[9] Shi C H, Liu Z H, Chang L Y, et al. Design and application of practical intelligent diagnosis system for pests and diseases [J]. China Plant Protection, 2022, 42 (3): 97-104.

[10] Zhang J H, Zhao H K, Jang L, et al. Establishment of maize leaf disease identification model and development of APP [J]. Agriculture and Technology, 2022, 42 (13): 38-44.

[11] 牛学德，高丙朋，任荣荣，等 . 基于轻量级 CNN 的作物病虫害识别及安卓端应用 [J]. 广西师范大学学报 (自然科学版)，2022, 40 (6):59-68.

[12] 郎雨佳，骆冰洁，代丽. 基于图像智能识别的农作物防治系统设计与开发 [J]. 计算机时代，2022 (2): 50-54.

[13] 李睿，王莹，王恒. 基于树莓派的室内植物病虫害识别系统设计 [J]. 电子设计工程，2022, 30 (8): 114-118.

[14] 金志芳，乔树芳，周芳，等. 森林病虫害监测技术与应用 [J]. 种业导刊，2022 (2): 39-42.

[15] Bui T, Lee J. An agent-based framework for building decision support systems [J]. Decision support systems, 1999, 25 (3): 225-237.

[16] Ghadimi P, Toosi F G, Heavey C. A multi-agent systems approach for sustainable supplier selection and order allocation in a partnership supply chain [J]. European Journal of Operational Research, 2018, 269 (1): 286-301.

[17] 罗贺，杨善林，丁帅. 云计算环境下的智能决策研究综述 [J]. 系统工程学报，2013, 28 (1): 134-142.

[18] Shi Y, Chen S, Xu X. Maga: A mobility-aware computation offloading decision for distributed mobile cloud computing [J]. IEEE Internet of Things Journal, 2017, 5 (1): 164-174.

[19] 杨涛，李晓晓. 机器视觉技术在现代农业生产中的研究进展 [J]. 中国农机化学报，2021, 42 (3): 171-181.

[20] Wang X, Huang J, Zhao D, et al. Kinematics and statics analysis of a novel 4-DoF parallel mechanism for laser weeding robot [J]. 2016.

[21] 柴孟江，张熙烨，潘敏睿，等. 温室智能大棚与精准灌溉物联网调控系统 [J]. 北方园艺，2021 (12): 147-154.

[22] 罗建刚. 玉米作物病害信息监测系统关键技术研究 [D]. 昆明：云南农业大学，2023.

[23] 杜子年. 物联网在智能农业中的应用：从精准灌溉到作物病害监测 [J]. 信息与电脑（理论版），2024, 36 (10): 44-46.

[24] 胡小平，户雪敏，马丽杰，等 . 作物病害监测预警研究进展 [J]. 植物保护学报，2022, 49 (1): 298-315.

[25] 侯光宇，鞠然. 探究人工智能在土壤污染监测治理工作中的应用 [J]. 皮革制作与环保科技，2024, 5 (5): 33-35.

[26] 段宗科，黄玉巧，李晓康，等 . 田间除草机器人机械结构设计与分析 [J]. 中国农机化学报，2025, 46 (7): 21-27, 42.

[27] 严才秀，郭容，李萍瑛，等. 一种智能除虫装置的设计 [J]. 南方农机，2025, 56 (S1): 25-28.

[28] 王艳莉，于泓，刘斌. 基于激光雷达的温室智能喷药机器人设计与试验 [J]. 农业工程，2025, 15 (5): 64-70.

[29] 吴涛，张宇，史一凡. 基于图像识别的家庭智能激光除草机器人的设计 [J]. 机械工程与自动化，2025, 54 (3): 181-184.